U0026088

迎變

童年和姐姐到外婆家拜年。

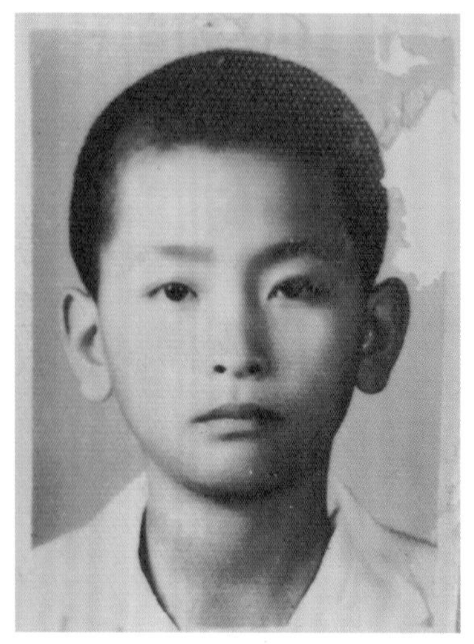

初中（國中）時代。

祖母、父母和五個兄弟姊妹（後排中為李成家）。

大學畢業照。

大學時代經常代表學校參加桌球賽。

進入職場後，不斷善用時間進修，充實能力。

創業初期，與創業夥伴陳文華、李展福。

就業當員工或創業當老闆，敬業精神始終如一。

創業初期為了推廣美吾髮®美髮用品，禮聘國內外顧問師，為百貨業和美容業舉辦經營講座（坐者為李成家）。

創業初期，時任經濟部長趙耀東蒞臨美吾髮工廠。

1979年青年節前夕，獲蔣經國總統接見嘉勉。

創業初期的辦公室雖然簡陋，每個人都士氣高昂。

李成家創業成功的故事，當時被國防部製成小冊子，空飄大陸，作為統戰文宣品。

早期在美吾髮工廠前。

「誠心、創意、鬥志」是企業的經營理念。

訂婚後在溪頭留影。

年輕時就喜歡運動，網球也是熱愛的運動項目之一。

四十歲時。

中華民國全國中小企業總會理事長任內，創設並主辦第一屆國家磐石獎，選拔表揚卓越中小企業。

中華民國公益團體服務協會理事長任內，響應李登輝總統推動心靈改革，創設並主辦第一屆國家公益獎，選拔表揚德業兼備典範。

全國六大工商團體理事長與當時的馬英九總統、蕭萬長副總統合影（右三李成家）。

臺灣大學技轉安克生醫公司上市成果發表會（右四李成家、右五臺大校長楊泮池）。

安克生醫公司和全民健康基金會等舉辦大型的甲狀腺超音波檢查公益活動（右三李成家）。

時任行政院院長吳敦義頒獎。

「懷特血寶注射劑」是衛福部食藥署核准、我國自行研發成功的第一個新藥，獲當時馬英九總統肯定與讚揚。

由左到右，李國雄院士、李成家董事長、彭汪嘉康院士、陳寬墀總裁。

獲頒國立臺北科技大學名譽管理博士。

將榮耀獻給親愛的家人。

美吾華公司創立四十年，迎春晚會與同仁合影。

安克生醫與懷特生技雙雙獲得2015年國家生技醫療品質獎（左二李成家）。

慶祝中華民國建國百年，美吾髮®獲選臺灣百大品牌。

響應董氏基金會「樂動校園」系列活動，鼓勵中小學生運動紓壓（左二董氏基金會董事長謝孟雄，左三李成家）。

從年輕至今養成規律運動習慣，保持好體力。

與母親、兩位弟弟在故鄉東港大鵬灣合影（左二李成家）。

夫妻自在休閒生活。

於東港老家合影，母親（中）曾獲臺灣省模範母親表揚。

與兩位可愛的孫女國外旅遊，留下美好回憶。

與太太到日本賞楓。

與太太在歐洲旅遊。

2008年夫妻觀賞北京奧運。

獨樂不如眾樂，和親朋好友歡唱。

與母親和長女伊俐合影。

二女兒伊伶和黃博浩醫師進結婚禮堂前留影。

李成家夫婦和兩位優秀女兒。

重視家人相聚，常利用時間安排國內外休閒旅遊。

於弟弟家中，為母親90歲祝壽。

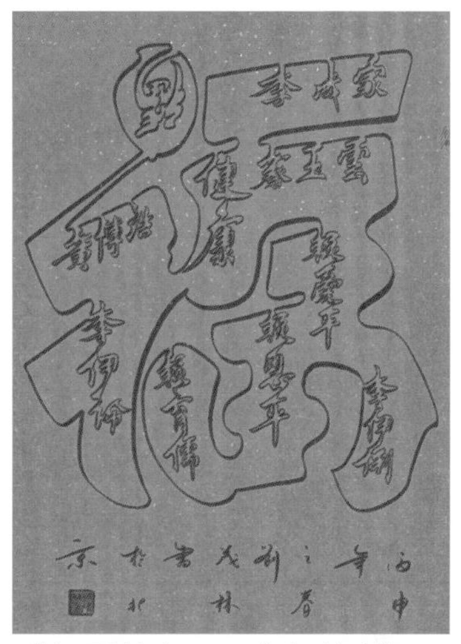

「福到健康」，名師獻「福」墨寶，全家人名字登錄其中。

家人慶生聚會。

新科總統蔡英文（中）第一站生技產業之旅，與生技界代表座談合影。（前排左三副總統陳建仁、左二行政院長林全、後排左三李成家）

目錄

迎變
李成家正向成功思維與創業智慧分享

出版暨推薦序

製造一個「善」的循環

文／謝孟雄（董氏基金會董事長）

四十年前，二十八歲的李成家創立臺灣美吾髮公司，從銷售美髮、護膚、沐浴、清潔等產品經營，如今已發展為完整的生技集團，擁有三家上市（櫃）公司，他的事業版圖涉足新藥研發、博登藥局連鎖、高階醫材研發，並向國際市場進軍。創業有成的他，曾當選全國十大傑出青年、擔任全國性工商團體理事長，他的成功不是來自僥倖，而是一段用心的經營。

此次《大家健康》雜誌與李董事長合作出版《迎變》一書，分享他的人生智慧與成功思維。李董事長在書中，回首這四十年的創業路，每當遭遇困難與挫折，他保持正向思考，勇於面對、解決問題。他形容自己的人生是一連串訂定目標和努力實踐，年輕時他即立定五個目標：分別是創業當老闆、進修高階管理學程、當全國性工商團體理事長、當選全國十大傑出青年，以及擔任中央民意代表，都已達成目標的他，二〇一四年十月，又獲得北科大名譽管理博士的殊榮。

能有這番成就，在書中他分享自己「做中學、學中做」的經驗，他認為，不管環境如何改變，絕大部分的觀念不會變。他有一個重要的核心觀念，就是「一點點哲學」，他說，「任何事只要『多努力一點』、『多早一點』或『多忍耐一點』，不要小看這『一點點』，每天多一點點，長期累積下來對未來將產生深遠的影響。」雖不是深奧的大道理，卻是築夢踏實的基石。

李董事長是一個正面思考的人，這本書正可鼓勵年輕人、職場的上班族，要有務實的理念，因為他深信，「人生處處是機會，人生處處有貴人」，態度與觀念對了，就會有成功機會。

《迎變》一書，是一個人生智慧的分享，李董事長以自己人生經歷，不藏私的把公司經營、學習成長、人生態度告訴讀者。面對大環境的「變」，這本書有良方，讓人懂得應「變」的思考。

李董事長在書中不管是公司的治理、人際的相處及家庭的和諧，強調的是「善」的觀念，製造快樂給別人、幫忙別人就是幫忙自己，如此，製造一個「善」的循環，這也是我們社會一直需要的。

前言

二〇一四年九月三十日是人生中難忘的日子。前一晚，我反覆看著要上臺致辭的講稿；上臺的那一刻，在國立臺北科技大學師生們的掌聲中，我凝視著臺下的家人，心情充滿激動……

今天臺北科技大學頒授名譽管理博士給我，這是年輕時設定努力要達成的五個目標以外的驚喜，是沒有在規劃內的意外榮耀，所以今天特別高興，非常感動、也非常感恩。

我只是個平凡人，來自屏東東港，在南部出生、成長、求學，高雄醫學大學前身高雄醫學院藥學系畢業後，服預官役分發到臺北，退伍後留在臺北就業創業。我的機運不錯，遇到許多貴人，加上從小家庭教育的影響，一直抱有一顆向上、向善的心，不斷力爭上游，不斷充實自己。在就業創業過程中，碰到過許多困難、挫折，但是我選擇正向面對，我堅信：「不怕問題、只怕不知道問題」，只要不逃避、勇於面對，很多問題都能迎刃而解；無論面對任何環境，儘量自我調適、不斷自我反省，因而能磨練生智慧。創辦的美吾華懷特生技集團，現在已經有三家上市（櫃）公司，今天的榮耀，不只是個人的榮耀、也是整個集團的榮耀，更是許多白手起家、從無到有、打拚出臺灣經濟傲人成就的企業家們的榮耀。

在大學時，除了唸書，也喜歡參加社團活動、運動、逛書店，當時曾看過一本由美國作家威廉戴路所著「如何在四十歲以前成功」的書，是一本年輕人勵志管理的書，影響我一生深遠，讓我在年輕時就有五個夢想，並立定了五個目標，第一個目標是：創業當老闆；第二個目標是：進修高階管理學程；第三個目標：當全國性工商團體理事長；第四個目標：當選全國十大傑出青年；第五個目標是：擔任中央民意代表。

為什麼會有這五項目標？可以從進入企業界做事說起，當時擔任美商臺灣必治妥公司業務代表、地區經理，就希望有一天創業當老闆用自己的方式、主張，經營公司。自從設定這個目標後，充分發揮敬業精神，加倍努力，掌握趨勢、把握機會，在一九七六年，二十八歲時創立了臺灣美吾髮公司，達成第一個目標。

大學讀的是藥學系，但既然決定往企業界發展，就必需多充實企業管理知識和技能，有助於管理、領導、群策群力，於是一九八二年，三十四歲時甄選考入政治大學企業管理研究所第一屆企業家班（臺灣EMBA前身），在職進修兩年半結業，達成了第二個目標。

第三個目標的設立，是因為身為工商團體的一員，希望在工商社團裡學習、服務與貢獻，在一九八二年，三十四歲時，如願當選全國青年創業總會理事長，之後陸續擔任全國中小企業總會理事長、全國工業協進會理事長等職務。

第四個目標，是因為剛出社會時，身為來臺北工作的南部人，沒有歸屬感，因此參加臺北市國際青年商會，擴大交友範圍，訓練自己、服務人群。有一年參加青商會主辦的全國十大傑出青年頒獎表揚大會，看到得獎者的艱苦奮鬥事蹟、傑出成就及對社會的貢獻，深受感動，期勉自己有一天也能上臺接受表揚，終於在一九八四年，三十六歲時當選了全國十大傑出青年。

第五個目標和年輕時關心國家與社會發展有關。當時政治環境未完全開放，報禁、黨禁仍未解除，人民未享有充分的言論自由，希望自己行有餘力能擔任中央民意代表，關懷這塊土地、對國家社會有所貢獻。很幸運地，在一九九六年、四十八歲時當選全國不分區國大代表，完成了第五個目標。

現在看到有些年輕人對未來前途迷茫，對自己沒有信心，特別提醒同學，「對未來不要怕，對過去不要後悔」，年輕人不但要勇敢作夢、追求理想，更要築夢踏實，一步一腳印，只要肯謙虛學習、腳踏實地，鍥而不捨，人生處處是機會。

我不是天生就是董事長或理事長，是透過不斷學習，持續進修，時時吸收新知，掌握趨勢與社會脈動。不斷的「做中學、學中做」，也捨得花錢、花時間投資自己，學習新知、擴展人脈，時時做好準備、迎接未來，因為機會是屬於準備好的人。

我把自己應用在工作和生活上的「一點點哲學」提出來分享，任何事只要「多努力一點點」，「多早一點點」或「多忍耐一點點」，不要小看這「一點點」，每天多這麼一點點，長期累積下來對未來將產生深遠的影響。還要提醒大家注意「三氣」（就是脾氣、傲氣、小氣）對人際關係的影響。

今天也勉勵同學們，人生處處是機會、人生處處有貴人；要心存感恩，愈懂感恩，受益愈多。關於人生，其實不必想得太複雜、太煩惱，人生不過就是角色扮演，「是什麼，做什麼；做什麼，像什麼。」數十年人生歷練讓我體會到，成功沒有速成、沒有捷徑，只有不斷謙虛學習，減少錯誤、避免走冤枉路，「理想堅定，務實前進」。我有幸掌握住機會，也感恩生命中的貴人，更希望我的奮鬥故事能帶給各位同學些許啟發和鼓勵。

再次感謝臺北科技大學頒授名譽管理博士給我，我將這份至高的榮耀獻給最親愛的家人，並和所有共事過的夥伴們分享。

回首四十年的創業路，可說是一連串訂定目標和努力實踐的過程，雖然大環境不斷在變動，但是秉持著「以變迎變」的精神，預測未來、做好準備，每當遭遇困難與挫折，保持正向思考，勇於去面對、解決，成功自然能水到渠成。

輯一

爭氣

領先一小步，就能一路領先

屏東東港是我出生成長的地方，小鎮的居民多以捕魚或務農為生。父母是小生意人，在我上小學前，父母在市場邊擺攤過日子，經多年打拚，好不容易在街上開一家小電器行。

記憶中母親永遠是全家第一個起床、最後一個上床的人。她和父親每天工作十五、六個小時，當我稍微長大懂事時，曾問父母，這樣無日夜的工作，不累嗎？他們用一句臺語諺語告訴我：「有錢賺不怕甘苦、賺錢不怕腳會酸……」，這些話是我對生意人最初的印象。

雖然只是一間小店，記憶中父親每天仔細的記帳作帳，毫不馬虎，所有收支的費用，每一條帳目清清楚楚，也許是耳濡目染，我承襲了父親做生意的成本觀念。

身為長子，從小上學後，一有空就幫忙父母看店做生意，碰到顧客買東西殺價，總是不好意思，那時問父親：「為什麼每個顧客嫌我們東西賣的貴？何不把價錢訂低一點、賣便宜一點？」父親摸我的頭說：「憨囝仔，客人買東西殺價是正常的，因為買東西的人總是怕吃虧、怕被騙、怕買貴，不嫌一、兩句不安心。」

有了小時候和顧客交手經驗，在踏入社會到美商臺灣必治妥公司當業務代表，甚至後來創業，碰到客戶對我的產品或價格挑三撿四、努力找缺點時，我一點也不生氣，還會耐著性子站在對方立場，慢慢地解釋到對方可以接受為止。因為我知道，他不是排斥我或是我的商品，而是深怕吃虧。

父母親總是從早到晚忙著做生意，很少有多餘時間管教子女，這讓我養成獨立自主的個性，不管是在生活上或是課業上，以不讓父母操心為原則。而且看著父母努力打拚，改善家中經濟，得以從腳踏車代步換成騎摩托車，激勵我要努力讀書，希望將來能開汽車。

我的父母教育程度不高，教養孩子的方式從頭到尾只會用「激將法」，所以不管我表現得多麼好，他們常常能找到親戚、朋友、鄰居中的某某某比我棒、比我行，來刺激我向上向善。

別的小孩遇到這種情況也許會自暴自棄地想說：算了，反正怎麼努力都得不到讚美，那就隨便好了。偏偏我的個性好強不服輸，父母這套方法正好高明地擊中要害，為了不比某某某差、為了出人頭地、為了光耀門楣、要爭氣不要生氣，就更加忍耐、更加努力、更加用功，因為「我想要」超越別人。

現在回頭看看，發現自己有很多跑得比同儕快的投資，特別在學習上。譬如：大學時訂經濟日報、服預官役時假日花很多錢上成長課程，以及創業後上第一屆的政大企管研究所企業家班、第一屆臺大商研所高級經理班、美國加州大學UCLA高階管理班等。沒有一樣學習不是因為「我想要」的心理，督促著我努力。我的父母當初恐怕也沒想過，他們的激將法居然在無意中，養成我領先一步終生學習的好習慣。

踏出適合自己的第一步

一九六七年要考大學時，在那個年代，南部鄉下人公認醫生是名利雙收又受人尊敬的行業，我自然也想考進醫學系當醫生。大學聯考放榜後，只考上了高雄醫學院的藥學系。那時有些尷尬，很多親友聽說我考上醫學院，以為我未來會當醫生，來跟我道賀，但經過解釋後，才知不是醫學系，不少人露出「不怎麼好」的神情。

原本想重考，但想到重考又得多讀一年，加上教科書要改版，想想能上大學已不錯，於是就到高雄醫學院藥學系報到。

念藥學系我並沒有太大興趣，當時無法轉系，加上英文不太好，看原文書不易，挫折感不小。當時，一直在想畢業後的出路，也不斷請教前輩、老師及學長，有的學長說在學校教書、也有說在藥廠當藥劑師很好、公家機關很好。

我大學成績不特別好，不可能唸研究所，更不可能留學；想考公職，又擔心考不上。當時很多人當中學老師，可是我對教書沒興趣，去藥廠當品管或製藥人員也不符合個性，更不想去醫院藥局工作。想來想去，去藥廠當藥品推銷員好像比較適合我的興趣和專長，因此下定目標往這方面努力。

人生處處是機會，人生處處有貴人；天生我材必有用，天無絕人之路。

每個人面臨畢業的關口，心中都有很大的壓力，心想：好的工作缺被畢業的學長姊們和前輩先占了，我還有機會嗎？

當年自己也有這樣的恐懼和疑惑，尤其回到家鄉，看到小時候的玩伴，他們的書雖然沒有我讀的多，但錢可賺得不少。就在對前途舉棋不定、茫然無措時，一位同鄉的前輩告訴我：「人生處處是機會，任何時候起步都不會晚。」

這句話猶如當頭棒喝，如果沒發現機會，那一定是我沒有努力地尋找。有了這點認知，我立刻打起精神，整裝待發，開拓屬於我的機會。另外親戚中一位長輩的一句話，也給我很好的指引和方向。他說：「臺北市是臺灣的政治、經濟、文化中心，想要出人頭地、求好的發展，上臺北比較有機會。」

我先打聽哪一家藥廠最好？當時外商公司是臺灣必治妥最有名，因此去報考，沒想到竟然考上了。記得有好多人報名應試，只錄取三個，錄取率非常低。考上後，好奇為什麼會被公司選中？結果主管說，因為我在學校是乒乓球社社長，是社團負責人，應該比較懂得溝通、做好人際關係，適合做生意。

「一點點」哲學：不要小看「一點點」。

一九七三年，幾經打聽比較和重重考試後，找到第一份工作，美商臺灣必治妥公司北區業務代表。當時以為北區指的就是臺北，怎知道被分配到人生地不熟的新竹和苗栗地區，剛開始心情非常低落，一度還想不如回南部高雄地區工作算了，但思索再三後，決定接受這份打敗好多競爭者才爭取到的工作，在陌生的山城開始一步步去尋找可能的客戶，推廣十分陌生的業務。

那時公司規定一天要拜訪十二家客戶，我謹記父親曾告訴我的話：「凡事比別人努力多一點、提早一點，起跑領先一小步，就可能一路領先。」所以要求自己每天至少多拜訪一、兩家，往往很多生意就是在多跑的這一、兩家中進來的。而且增加很多推銷經驗，可說多做不吃虧。

這樣的堅持常常面臨嚴苛的考驗，冬天著名的「新竹風」總是順著脖子吹進身體，夏日的烈陽又烤得人昏昏欲睡，常常在拜訪完客戶，騎車回家的路上，忍不住問：「我要什麼？我追求什麼？我的理想和夢呢？這是我要的生活嗎？」

但大自然的惡劣天氣比起人情冷暖，又仁慈多了。後來請調回臺北總公司工作後，有天到一個親戚家做客，他太太拿出一件名牌衣服展示給朋友看，我也湊過去摸了摸衣服，哪知她一把搶了過去，一副看不起人的樣子，現在回想起來，還能清楚記得當時發燙的雙頰和無地自容的感覺。我想，沒有一種成功是從天而降的，在業務生涯中，像這樣的難堪還不知有多少次，不過總是挺過來了。

只要用心、努力、少走冤枉路，就是成功的捷徑。

其實我也有想打退堂鼓的時候，是不服輸的個性、以及認為成功應是屬於堅持到最後一分鐘的人，當然也是相信自己有能力、有毅力，而且做了充分的準備和努力。

我常覺得一般人的聰明才智差不了多少，特別好、特別差的人可能各占百分之十，其它百分之八十的人應該差不多。只要用心、努力，少走冤枉路，就是成功的捷徑。

適合比好更重要，要禁得起競爭，才會成功。

選對行業是邁向成功的第一步。不少年輕人在求職時會迷惘，該如何找到適合自己發展的行業？除了了解自己的興趣，我建議第一要思考未來想要的工作型態和生活，第二考慮自己是否有優勢，不然禁不起競爭，即使投入熱門的行業也沒用。如果想要創業，除了上述兩項，還要思考能否以最低的成本投入。

像是近年來醫美行業很夯，想要投入，必須考慮技術是否比別人好？服務是不是比別人周到？要有獨特差異化。否則盲目地隨波逐流，成立的快，倒的也快。

要「找出自己最有競爭力的項目」，可以多問專家或前輩，了解整個產業的趨勢，但聽完專家建議後，還是要自我取捨，因為自己最了解自己，所以自己要做最後的決策，並為決定負責。

怎麼才是真正了解自己？心理學上有三個我：別人眼中的我、自己想像的我、實際的我，三個「我」不同。我讀書時乒乓球打得很好，創業後也始終保持運動習慣，一直自覺體力不錯，但前陣子我去跑步，竟有力不從心的感覺，才驚覺想像的我和實際的我已不同了。透過自我認知、以及請教他人，可以更接近實際的自己、更了解自己。

選好行業後，有個長輩告訴我：「只要鑽進去，就是專家！」只要認真投入，就有體會，再從中修正成長，自然能變得厲害。若是不全心投入，對很多事物無感，就不能發掘成功的祕訣。有些年輕人頻繁地換工作，但常換工作，主管可能會認為穩定性不夠，即使有機會也不敢提拔你。我認為能久待在同一公司，也證明自己不會輕易地碰到挫折就走，這種努力適應環境的態度，是值得鼓勵的。

投資自己最有價值，無論是追求知識、技能或無形的人脈。

每一個人都在追逐夢想、寫自己的歷史，而社會的競爭激烈又無情。我並不比別人聰明、也沒有顯赫的背景和學歷，唯一靠的是自己的努力、毅力，不斷充實自己的實力。

有實力的人較不容易被時代淘汰，必須不斷追求新知，嗅覺自然比別人靈敏，當機會來臨的時候，才能緊緊握住。我有很多機會也是因為肯花錢、肯花時間投資才獲得。

以當年取得美國VO5美吾髮洗髮精等美髮用品的代理權為例，那時電話答錄機尚不普遍，因為不願錯失任何一樁可能的機會，所以花了相當於當時兩個月的薪水，買了一部算是時髦又奢侈的電話答錄機。有一天，居然就在答錄機裡聽到令人興奮的消息，朋友要找我談美國VO5美吾髮產品臺灣代理權的合作事宜。

我不能說沒裝電話答錄機一定會錯失這個機會，但極有可能，不是嗎？你一定也有這樣的經驗，打電話找人，如果一、兩次找不到人，你很可能不再打了，機會就消失了。

再舉一個例子，在美商臺灣必治妥公司上班的時候，我曾花錢參加哈佛企管顧問公司辦的總經理交誼廳。這個課程非常貴，去上課的幾乎都是公司高階主管。當年我只不過是地區經理，為什麼捨得花這些錢和時間？還是一句話，為將來做準備，因為機會不常有，它只給準備好的人。當年的投資，對未來的創業和經營，有深遠的影響。

鬥志是輸贏的關鍵

認識乒乓球，是我人生中因禍得福的一件大事。屏東中學初中畢業考高中時，我的第一志願原本是高雄中學，但沒考上，我意志消沉的去念東港高中。東港高中的運動風氣很好，乒乓球的素質尤其高，我高一就進了校隊，一路過關斬將，不但奪得學校冠軍，還拿下屏東縣全縣個人冠軍，進而進軍全省中上桌球錦標賽（即現在的全國高中和大專以上桌球錦標賽）。

那次錦標賽是我忘不了的比賽，鄉下孩子第一次到臺北比賽，心中帶著很多對大城市的幻想，也有些緊張。我還記得坐在火車上，看著窗外飛逝而過的風景，心中盤旋著關於球賽的種種可能狀況，極度渴望打贏這場球。

那場比賽在臺北日新國小舉行，雖然身經百戰才取得代表權，但看到那麼大的場面，仍難免怯場。我卯足了勁應戰，只勉強拿了第三名，當時很難過，因為憑實力有機會可以拿第一。不過人生的際遇往往是「塞翁失馬」，現在想想如果當時真拿了第一名，說不定就獲保送去讀師大體育系了，人生恐怕要重新改寫，雖然不一定會多差，但肯定是不同的人生路。

到了高雄醫學院念大學後，乒乓球仍是我最喜歡的社團活動，每天課後都在打球，我從藥學系比賽第一名，一路打到全校總冠軍，常笑稱自己念的是高雄醫學院「體育系」。這個第一名，讓我重拾信心，也深深體會鬥志是輸贏的關鍵。

心想成功，相信成功，就會成功。

打乒乓球，讓我領悟出四個必勝法則，對經營自己或事業上，都相當有幫助。

1．信心。只要能代表出賽的選手，實力都不錯，想要贏球，除了比球技和臨場經驗外，最能影響輸贏的就是「信心」。上場比賽人人難免緊張，怕碰到高手，這時誰有必勝的信心，誰就能堅持到底，得到最後的勝利。

經營事業也是一樣，不管是面對客戶，或同業的競爭，要有信心才能成功。一個沒有自信心的人出馬談生意，誰會相信他呢？

2．氣勢。在乒乓球比賽中先下手為強，先贏幾個球很重要，在氣勢上先壓制住對方。接下來乘勝追擊，在對手還沒來得及想到迎戰的策略時，早已遙遙領先。

一九七六年美吾髮推出創業代表作「VO5」美吾髮蘋果洗髮精時，就是定位高級品牌形象的策略，營造氣勢。剛起步的美吾髮，採用當時大廠商才砸重金打電視廣告的方式，在消費者心中塑造產品高級、高貴的形象，搶攻市場。第一個產品的成功，為美吾髮創造如虹的氣勢，奠定企業基礎。到今天，美吾髮染髮霜在市場仍居於銷售第一名的領導地位。

3．歷練。之前提到我輸球的經驗，很重要的原因是歷練太少。如果我看過很多大場面，那次在日新國小的比賽，應該不會因怯場而頻頻失誤。從此我體會到歷練的重要，也不放棄每一個磨練自己的機會。即使失敗也是很好的磨練，我從中領悟出許多哲理，如果不是有不斷比賽、在失敗中求取成功的經驗，大概不會有後來的勝利和成功吧！

打球需要歷練，就業、創業也是如此，我深深體會到**知識加上歷練才能產生智慧**，一個人學歷再好、知識再廣博，還是需要實際的磨練。如果缺乏歷練，無法產生恰到好處的智慧。

4．求勝。

臺語有句話說：「寧可醜醜的贏，也不要美美的輸。」這句話在打桌球時最能明白。多年賽球的經驗中，常常聽到別人讚美某位選手打球的姿勢多漂亮，但往往贏球的卻是那姿勢不怎麼漂亮的人。比賽目的在於求勝得標，如果是你，你寧可姿勢醜而贏、還是美而輸呢？

企業經營也一樣，不應該只注重門面的美觀，內在的穩固扎實更是重要，或許很多人並不贊同我的看法，他們可能認為贏得漂亮更重要，他們在急著想追求一百分的成績時，往往要同時顧到的點太多，反而做不來，只得到不及格的五十九分。但對我來說，先追求到自己可以掌握的八十分，有了立於不敗的基點，再追求完美，這樣更安全、穩當、甚至會達到意想不到的境界。這就是孫子兵法說的：「先立於不敗而後求勝」。

輯二

淬鍊

就算失敗，也比別人勇敢

一九七六年，我二十八歲，創立臺灣美吾髮股份有限公司，從VO5美吾髮美髮用品起家，不斷多角化經營，一九九八年更名為美吾華股份有限公司。同年成立懷特生技新藥公司，投入門檻高、難度高的新藥開發。二〇〇八年跨入高階醫材研發領域，成立安克生醫公司。目前有三家生技股上市（櫃）公司。

我不是含著金湯匙出生，沒有顯赫的家世背景，回首當年毅然決定創業，雖然看似冒險，卻是持續不斷的努力、謀定而後動的結果。創業四十年來，我體悟到學歷、能力固然很重要，但是「觀念態度決定一切」。

舉例來說，父親從小灌輸我「多做不吃虧」的觀念，進入美商臺灣必治妥公司後，做的比公司原本要求的還要多，業績表現良好。四個月後，公司依照我的願望，把我從新竹苗栗區調回臺北總公司，很快一年後，升我為北區的地區經理。我的升遷，打破美商臺灣必治妥公司晉升地區經理的紀錄。

你相信「傻人有傻福」這句話嗎？回頭看自己走過的人生路，因深信這句話而受益無窮。這句話其實就是「不計較」，是一種「先給後得」的概念。要相信和做到「先給後得」並不容易，就拿求職這件事來說好了，現在年輕人都很有主見，卻沒想過自己有多少能力，能為公司貢獻什麼？

一個初進社會的年輕人，除了自己的努力外，跟對主管也很重要。很幸運在我踏出社會的第一步時，遇見了一位正派優秀的好主管陳永順先生。陳先生是臺大藥學系畢業，專業知識非常豐富，為人誠懇正派，做事一絲不苟，不陪客戶喝花酒，一樣把生意做得很好。還有他的穿著，每天恰如其分、整整齊齊的，這對我的影響也很深刻，私下揣摩學習他的態度和穿著，心想有一天我要坐上那個位置。創業四十年來，我談生意從不拚酒，每天穿著整潔服裝，給人良好的第一印象，就是以他為榜樣。

每個階段目標明確，重新定位再出發。

在美商臺灣必治妥公司一共待了三年左右，從最基層的業務代表一路升到地區經理。不過，心裡明白，我要的不只這些，想要追求更高、更廣的天空。

在等待機會來臨前，我還是在崗位上守本分的做好每一件小事。雖然藥學系畢業，推銷藥品算是本行，但隨著職階的升高，逐漸感到在領導和管理能力上的需求。除了利用下班時間多看一點和專業有關的書籍外，也看一些勵志的書，澆灌我因辛苦工作而逐漸薄弱、飢渴的心靈，也花很多的錢到企管顧問公司進修管理課程。

值得一提的是，當時公司也為員工開設了一些管理和專業課程。這些課程的師資都是上上之選，所有的課程免費，卻有個條件，如果在一年內離職必須賠償公司的損失。很多人因為這條但書不敢去上課，這真是很傻的一件事。我當時其實也不知道自己會在必治妥待多久，但是若真待不滿一年而得賠錢，「先學先贏」，至少已經賺到利息，不是嗎？

人要適應環境而生存，善用環境而發展。

一九七六年九月，我和兩個學有專精的朋友陳文華、李展福一起創業。這是人生極為重要的抉擇，那時我才結婚一年多，妻子的肚子裡正懷著大女兒伊俐。雖然是經過審慎的評估才做出決定，但真正出發時步伐依舊沉重、心情也七上八下，因為我清楚地知道，正用一家人的未來幸福在下注。

當時父親在車禍中驟逝，為了不讓媽媽擔心，一開始我是瞞著她進行的。因為我知道她一定不會明白，為什麼我要放棄大公司的好工作去創業。等到一切就緒，我才回家向媽媽報告，她聽了還是擔心的不得了，急得直問：「有沒有風險？會不會賺錢？」倒是我的岳父知道後說了一句頗有意思的話：「創業也好，就算失敗，也比別人勇敢。」這句話對我當時忐忑的心情，發揮了很大的安定作用。

「比別人勇敢」這句話怎麼說呢？因為當時我在必治妥的待遇不錯，除了領有高薪之外，公司還配給我一部車代步。這樣安逸的日子不過，偏偏要去創業，萬一失敗，不但現有的一切將化為泡影，甚至連重頭來過的機會都沒有，這大概就是岳父說我比別人勇敢的原因吧！

不過人生就要有背水一戰的勇氣，一個人在沒有其他退路的時候，往往才有機會成功。美吾髮公司剛起步的階段，員工只有十幾人、資本額只有兩百萬，初期以代理美國VO5美髮產品在臺的銷售業務為主。

三個月後，我們向青輔會申請青年創業貸款，在楊梅幼獅工業區設廠，自行生產VO5美吾髮洗髮精等系列美髮用品。表面上看起來，每一件事如預期穩健進行，事實上創業和經營事業的過程中，每一天都有不同的狀況出現，考驗我的智慧。就拿公司命名這件事來說，我和創業夥伴花了好多時間，再三討論，才決定和英文名字VO5音、意很相近的「美吾髮」為公司產品的商標名稱。

放眼未來，落實現在

當機會來敲門時，你準備好了嗎？如果回答：「還沒！」那麼讓我坦白告訴你，這一輩子恐怕都要和成功絕緣了。因為，機會永遠只給那些準備好迎接它的人。

面對高速運轉並講究專業的時代，各行各業都需「才」孔亟，不能等到機會上門才去學必要的知識技能。在追求自我成長的路途上，我從來沒有停止過學習，它和進修一直是我生活中的大事。

從我決定開始創業當老闆的那一天起，就肩負為全公司所有員工開創未來的責任，為了不被快速變遷的時代淘汰，我更不能停止成長的腳步。多年來我在工作的縫隙中找時間，讀完政大企業管理研究所企業家班、臺灣大學高級經理班進修，參加交通大學管理科學研究所的中小企業主持人研討會和數十次企管顧問公司開辦的講習等。後來為開拓更廣大的國際視野，我還花時間遠渡重洋，參加美國加州大學（UCLA）高階管理進修等課程。

這些進修直接或間接幫助我，更有智慧地管理公司，也幫助我用更開放的心靈「放眼未來，落實現在」，作出最適合的決策。

做中學，學中做，把握時機。

這是一個競爭激烈的時代，你要如何在同輩之間冒出頭呢？我的方法是，比別人多學一點功夫，這一點點功夫常常在關鍵時刻，比別人多了一點機會。譬如說當年意識到我只有大學學歷是不夠的，所以我去讀政大為企業家辦的第一屆企業管理研究所企業家班（臺灣EMBA的前身），學得非常多經營管理的理論知識。再把這些知識運用到職場工作上，不斷在「做中學、學中做」，帶來事半功倍的效果，無形中讓我比別人多了一點競爭力。

創業開公司，不是個人單打獨鬥，一定要管理好同仁，齊心朝共同目標邁進。精進管理能力，也要「做中學，學中做」，不斷提升，不斷突破。管理要「活學活用」，學校裡學到的管理理論可以指導實務，讓計畫更周延。但實務除了印證理論，因為時空環境條件不同，很可能發生書本上沒有的新狀況，再以實務補充修正理論，讓理論更貼近實務。

有很多人常用「沒時間」的藉口逃避學習，其實時間是自己安排，如果不在想到時立刻去做，而是等閒下來時才去學，那會來不及。就拿我和一些企業界的朋友來說，如果以工作忙為藉口，說等閒一點再進修，那時也派不上用場了。

因為對企業經營者來說，企業愈做愈大、日子愈來愈忙，那時更沒時間進修；

如果後來很閒，很可能是企業走下坡，這時空有一身管理理論有什麼用呢？所以聰明的人想到自己有任何不足，就會立刻去學去做，所以他們總是比別人更早捕捉到機會。想當一個成功的人嗎？現在就去補足你的功夫吧！

你適合創業當老闆嗎

並不是人人適合當老闆，這不只是能力和本錢的問題，和一個人個性及人生觀有絕對的關係。個性軟弱、猶疑不決的人，不適合創業當老闆，因為商場如戰場，一旦置身其中不能隨便喊撤退，工作的壓力是無止盡的，個性軟弱的人絕對承受不起。喜歡單純生活不愛和人打交道、怕麻煩的人也不適合創業當老闆，因為老闆不只是要處理公司複雜的人事，還要花時間跟外界打交道，天天在人和人之間溝通、協商、交流，這樣生活怎麼單純得起來呢？另外，當老闆還要有任勞、任怨和任謗的精神，體力也要好、身段要柔軟，要不然如何經得起這樣的折磨和考驗？

逆境考驗人的能耐，善用壓力發揮潛力。

假使這些人格特質都符合，那麼你已經具備經營企業、當老闆的基本條件，剩下的就是要衡量客觀條件夠不夠。這些條件包括：專業知識、財力、歷練是否足夠幫你在競爭激烈的行業中搶到一席之地。有位成功的企業家曾說，創業像拉車上坡，只能向前，不能後退或停下，一停下來就會往下滑。而且做得愈大，壓力愈大，有些事也會更加身不由己。

想當老闆，也要有精準的眼光，並有八成以上「成功」的把握，才能開始行動，千萬不能一無所知就盲目亂闖。

以下是給創業者的幾點建議：首先，要跟得上時代的脈動，選對行業、提供社會所需且有條件競爭的行業。如果一點時代感也沒有，選的是社會不需要的行業，或是正在衰退中的夕陽工業，那麼再怎麼努力也沒用，因為大環境很快就會把你淘汰。

像我當年選擇開發美髮產品，就是看準臺灣經濟起飛、消費能力愈來愈強，對「美」的需求也愈發強烈，整個大環境對美髮用品非常有利，而且有需求、會成長，所以我知道只要努力、有競爭力，必定會成功。

除了選對行業之外，還必須是你專精、內行的才行。現在是凡事講究專業的時代，如果大家工作一樣努力，內行的人可以更快、更有效取得競爭的優勢。我和創業夥伴當年為什麼會選擇代理美髮用品做為創業第一步？那是因為在必治妥累積的工作經驗，讓我們很放心大膽的邁出步伐，因為了解這個市場，知道顧客在哪裡，我們也知道他們要的是什麼。

最後一點、也是最重要的一點，你有錢嗎？也就是有足夠的創業資金嗎？「錢」之於企業，正如人身上的血液一樣重要。衡量自己是否適合創業時，還得想想，有足夠調度資金的能力嗎？很多創業者因為企業擴充太快資金缺乏，或是把短期資金拿去做長期投資，而發生週轉不靈。所以不能太高估自己的財力，以為萬一缺錢時可以很快從金融機構和親朋好友處借到。這樣想法真是太天真了，因為金融機構和親朋好友往往會在你不缺錢時想借給你，而在你真正缺錢時卻躲得遠遠的。

四十年前剛創業不久，我向成功企業家許炳堂先生請教，「創業要注意什麼？」他輕描淡寫的說：「錢管好、人管好」。

你適合當老闆嗎？先問問自己，可以選對行業、有競爭優勢、管好錢和管好人嗎？如果答案是肯定的，那麼還遲疑什麼呢？放膽去做吧！

掌握關鍵人、關鍵事

美商臺灣必治妥公司是我當老闆前唯一待過的公司。外商公司非常現實，你和公司唯一的關聯就是直屬主管，其他人和你比較沒有關係，這種感覺很疏離。大家完全靠業績生存，我的表現不錯、升遷也算快，但是卻一直沒有安全感和歸屬感。

所以創業當了老闆之後，首先做的就是把辦公室的門打開，大家平常一起努力做事，有任何工作上的委屈或感覺不合理的事，主管們解決不了或處理得不讓他滿意時，可以隨時來溝通。

公司是「法治」和「人情」並重，由於法律條文往往難以完備，因此凡事先講情理再講法，我相信人都有感情和責任，「法」應該是公司裡的最後一道防線，不到嚴重的時候不用。其實從公司成立至今，比較少用「法」處理公司裡的重大糾紛。讓情理走在法之前的好處是：公司像一個大家庭，同仁們相處起來有情有義、比較願意待在這裡。這樣公司的穩定性高、人員流動率低，甚至有些人離開公司，走了幾年還會再回來。

主管不會不重視人才，重點在自己如何讓主管了解與信賴。

很多年前公司有個高級幹部，曾經一度自行出去創業，離職之前我告訴他，公司願意繼續聘他當顧問，他的股份替他保留著。這樣做無非是替他留一條退路，畢竟沒有人保證創業百分之百會成功。後來這個幹部果然又回來了，很多人問我何以有此雅量，這是因為他的確是個人才，人才是應該被包容、尊重和珍惜的，何況讓他回來對公司有幫助。我一直不認為公司是老闆自己的，應是全體同仁共同打拚的，只要這個人加進團體帶來加分的效果，大家應該伸出雙手歡迎。

我不喜歡做事綁手綁腳、處處被拘束的感覺，所以當我成為公司的主持人時，也不想訂出一大串的規條管理，只定出大規則，要求大家自我管理，而不要淪為手續管理。企業基本上是一個團隊，它的競爭力要靠大家一起打拚，「法」不一定周延，不能完全讓大家同心協力，只有「人」的向心力才能左右企業成敗。「錢」總是怎麼賺都賺不完，但「人」要相互溝通，才不會因誤會而結合、了解而分開。我要求公司主管，對每一個進美吾華公司的人，都視為企業家族成員，好好珍惜。

看人要欣賞優點、學習優點，
不要老是看缺點、批評別人。

愛批評別人，就看不到也學不到別人的優點。

創業四十年以來，有幾件欣慰的事。第一件事是，與事業夥伴陳文華、李展福、陳寬墀先生等，長期共苦同甘、互惠合作、相輔相成。

人與人之間「共苦」不容易，「同甘」更難。資源有限，創業經營很費心力，共苦雖不容易，但因為有外在的競爭壓力，為求生存，內部會團結、忍耐。等到成功後，壓力降低了，大家開始爭奪權利，所以同甘更難。很多人問我如何和事業夥伴共苦同甘，其實我真的沒什麼特別的辦法，有的只不過是「誠信」罷了。「誠信」是人與人之間信賴的基礎，四十年來，美吾華公司的帳目和管理一直公開透明，免除許多不必要的猜忌。有了猜忌，共事起來就不可能長久。

這是團隊合作的時代，有共「識」才能共「事」，大家目標一致為公司打拚。同時，這也是「互惠」的時代，互惠就是利益共享。「人不為己天誅地滅」，誰能一味要求別人犧牲奉獻，而不付出合理報償呢？所以不管是合作創業或任用賢良，付出的報酬必須要叫人感覺合理平衡，總要讓人心服才行。

有一個有趣的遊戲實驗：由一個人做莊，其他人兩兩一組，在零至一百間，各自寫下一個數字，彼此不能討論，如果兩人的數字加起來小於一百，即可各自向莊家領取對等的金錢；反之，如果兩人數字加起來大於一百，即要給莊家金錢。實驗結果，往往多數組的總和都會大於一百，因為人會貪心，想獲得比較多。

這個遊戲說明了，一般人都不想吃虧，公司的人員也是如此，往往沒想到合作，而是競爭。其實，不要只執著短期、有形的效果，多付出一些，加上多點等待、多點忍耐，通常會獲得意想不到的收穫。

我創業初期，有段時間固定邀請曾松齡顧問師來公司對同仁演講。因為當時公司沒有司機，雖然我是總經理，仍花時間親自開車接送他。在接送的過程中，我向他請教經營上遇到的挑戰，他指導很多演講時沒談到的對策方法，所以我學到的比別人更多。

做該做的事，不只是做喜歡的事。

另一件值得分享的是美吾華的「早晨會報」。「早晨會報」是我非常欣慰的傳統，四十年來公司各部門的主管，以身作則每天早上比其他同仁提前半個小時到公司上班開會，大家簡要報告昨天完成的工作和今天要做的事，以及是否有要各部門溝通協調的地方。

記得「早晨會報」剛開始實施的時候，主管們難免有怨言，覺得我這個老闆好煩，為什麼要他們那麼早出門呢?也有人心存僥倖地想，老闆大概開個幾天或幾年就會放棄吧!但他們萬萬沒有想到，我居然還真有能耐，四十年來以身作則，堅持到底、徹底執行。

之所以堅持，是因為公司由上而下的命令容易，但橫向的協調不易。商場如戰場，需要專業分工、團隊合作，做生意很多時候提前準備、搶得先機很重要。領先一小步，往往可能帶來意想不到的好處。而準時是誠信的根本，美吾華公司創立以來，一直以誠信互惠作為企業文化的內涵，至今從未改變。

幾十年來我維持每天早上五、六點左右起床，看完新聞相關資訊、做好計畫準備才出門的習慣。所以我坐在公司和部屬們開會時，腦子裡已經有一切最新的資訊，幫助我有效判斷、掌握大環境的趨勢，及時有效地協調、應變、解決問題並掌握機會。

企業管理就是要學會專門知識技能、人際關係能力及觀念化能力。

企業每一天面臨錯綜複雜的問題，管理應該是「上閒下忙」，而非「上忙下閒」。「上閒下忙」才有時間思考決策，免得如臺語諺語所說的「鋤頭甭顧顧畚箕」，抓錯重點，就會因小失大。

管理除了要有專業、懂得人際溝通，第三個「觀念化能力」是要察覺組織團體中決定事情的關鍵人與關鍵事，並懂得弦外之音，才能事半功倍。這點必須從工作歷練中自行體會、領悟其中的關鍵。

觀念態度決定一切

一個人要成功，不僅要會做事，也要會做人，不然難有大突破、大成就。有個前輩曾說：「學歷是銅牌、能力是銀牌、人脈是金牌」。即使具備一流的學歷、出色的能力，不懂得做人而吃大虧，實在很可惜。

人生處處有貴人，但我也要反問一句，為什麼貴人願意在你有需要的時候拉你一把呢？平時懂得做人，能夠多為他人著想，做人成功，人人都是你的助力。

現在通訊軟體很發達，有些人天天在Line上跟別人談笑風生，實際見面應對時卻說不出一句得體的話。同樣的，請託他人時，不只是用電話聯絡，應親自拜訪、見面，才能展現誠懇、禮貌，不要疏忽。

再舉一個小例子：請客宴會的時候，有的人常不準時，往往比長輩、主管還晚到，這些會讓人印象不佳，而影響到人際關係。吃喜酒早點到，可先向主人道賀，免得接下來賓客越來越多時，造成主人不方便。提早到可先選位子，以免坐到面壁或不理想的位子，還可以跟同桌的賓客多聊聊。

人際關係要好，做人也要注意「三氣」，也就是「脾氣、傲氣、小氣」。

1.脾氣

人都有脾氣、都有情緒。人跟人之間溝通、互動時，有時一不小心互相激怒，但要自己調適，讓情緒歸零。否則EQ不好的人很容易得罪他人。經營公司時，有時會因同仁不用心或不負責任而生氣，但這時我會提醒自己適可而止，以免造成更大衝突。

當情緒不對時，可以想一想：「我的態度、方法及時間是不是不對？」。以前會說「良藥苦口」、忠言逆耳，但這兩句話現在已經不適用了，因為連藥都包了一層糖衣，都是甜的。因此，跟人溝通時，不要因為是為對方好，講刺耳的話，而不講究態度與語氣。好的溝通方式要讓人聽進去，如果對方抗拒，反而達到反效果。不管是對上司、長輩、長官，溝通的態度、方法及時間都要對，要讓忠言「順」耳，順暢的溝通才能發揮效用。

我常提醒同仁和青年朋友，現代年輕人缺乏「向上管理（溝通）」的能力，最糟的甚至逃避主管，疏忽了「向上管理（溝通）」往往比「向下管理（溝通）」重要。因為長輩、上司的指點迷津與賞識，往往掌握了將來的前途，如果他不提拔你、指點你，給你機會，再有才華也難以發揮。成功的人不見得是最聰明、最能幹，但往往是長輩、上司喜歡且信賴的人。要做好向上管理（溝通），必須了解長輩、上司要的是什麼，要思考自己有甚麼特質與條件能讓他們瞭解、安心與信賴。

2．傲氣

在職場數十年，看過很多例子，愈聰明、有優越感、愈驕傲的人，反而愈會失敗、跌的愈重。我曾當選第一屆青年創業楷模，看到不少例子，有些人因為階段性的成功，自認了不起，開始自滿就會走下坡。如果沒有謙虛學習，失敗的可能性愈高。有句話說「傑出是卓越之敵」，意思就是做人不要太過自我、充滿優越感，要謙虛學習，才能從傑出變成卓越。

我從小希望自己做事一次做對、做好，免得犯錯後即使重新來過，卻已付出代價。每個人都有弱點，所以我不會有自我主義，會請教很多人的意見。人不要太相信自己，即使已達到九十分，聽聽別人的意見，說不定還能變九十五分，甚至一百分。

3．小氣

對人小氣或大方，這件事看起來好像不重要，但其實對人際關係影響非常大。一個小氣的人，再有才華也沒用，親朋好友不會喜歡你，更不願幫助你。小氣跟勤儉不一樣，不要把節省、節儉，當成小氣的藉口。勤儉是追求合理化、降低成本，小氣則是對別人斤斤計較、不夠大方。除了不小氣、不計較，跟親友相處更不能愛比較，以免傷感情。

還有，美化人生要注意三容：「笑容、包容、從容」。不論男女都要時時面帶笑容，不要擺「臭臉」，臭臉讓人不舒服、使人討厭。包容，因為凡是人都有情緒與慾望、也是自私的，在一定範圍內，要有包容的雅量。從容，則是有計劃、有準備，才不會忙亂。有長輩曾讚許我「非忙，亦非閒。」雖然每天要處理的事很多，但準備好、按部就班的進行，就能不慌不忙，這就是從容。

進入職場以來，我一直抱持著向上、向善的觀念態度，人生沒有十全十美，很多事情應該向前看。有一句話，「只想一二、不談八九」，恰好跟我的人生觀不謀而合。人生不如意十之八九，能做到「只想一二」，即是正向思考，碰到逆境懂得轉念，也就是山不轉，路轉；路不轉，人轉；人不轉，心轉，才能不被挫折打倒。

我也要勉勵年輕人，「讀萬卷書不如行萬里路，行萬里路不如閱人無數，閱人無數不如高人指路」。一身學問，還要有實際的歷練，以及多向高人請教學習，在職場上就能離目標越來越近，成功自然水到渠成。

李成家的正向成功思維，給了你什麼啟發？不妨記錄下來……

人要適應環境而生存，
善用環境而發展。

輯三

經營

企業經營要專心專業，量力而為

一九七八年，我創業獲得第一屆青年創業楷模後，獲獎照片、事蹟曾被國防部製成簡體字的「東港青年」小冊子，空飄到大陸。在當時兩岸關係緊張的特殊時空背景下，我的例子被當成標竿，向大陸青年進行統戰宣傳。

隨著兩岸關係演進，這段往事成了人生中一段有趣的插曲。數十年過去，我仍在商場打拚，很多人問我經營事業的祕訣，我想創業的成功絕非偶然與僥倖，一路走來始終戰戰兢兢，不敢稍有懈怠。

經營公司就是要：「專心專業、量力而為」。這幾個字看起來簡單，意義卻不凡。創業後，事業逐漸站穩腳步，一九八二年，我擔任中華民國全國青年創業總會理事長。在這期間，看到很多創業青年做得不好，公司倒閉了，但也有做得好、沒多久還是倒閉的。

大家一定很好奇，當選青年創業楷模、做得好怎會倒閉？因為他們在掌聲中迷失了，忘了量力而為。例如他可以承擔一百公斤的重量，已經很厲害，但不知量力而為，貿然挑戰兩百公斤，結果是壓死自己。

很多創業青年會把短期資金拿來當成長期資金使用，例如短期借貸，拿去購買機械設備、擴充工廠，這是短期內不能回收的。如果又碰到景氣不好，可能會周轉不靈，進而倒閉。

因此，我常提醒，沒有專心專業就失去競爭優勢；沒有競爭優勢，註定會失敗。要瞭解自己是什麼材料，適合做什麼，並且認真扮演好自己的角色。專心專業，量力而為，不要超出自己的資源、條件太大或太多，避免失敗。

我向來強調專心專業的重要，當然要求公司同仁要專心專業。如果不專心專業、跑去兼差，公司怎麼會有競爭力。因為全心投入都不一定會成功，假如不全心投入怎麼能夠成功？依照每個人的角色專心投入，例如創業者扮演的角色是「領導、管理」，像做木桶時，把木板綑在一起的「桶箍」，創業者找尋適當的人才，設定目標及時程，並不斷的激勵與獎賞，把人才聚在一起為公司齊心努力。

看人挑擔不吃力，不要羨慕別人，其實家家有本難唸的經。

困難挫折是生命裡的家常便飯，當你看見一個人成功的表象時，背後必定還有更多看不見的汗水。我們天天在接受社會的考驗，能夠吃苦、經得起考驗的人就能更上層樓，不能吃苦的人只好一直原地踏步，永遠和成功無緣。如果想要向人生更高層次邁進，要有能吃苦和耐痛的本事。這種成長的痛楚叫做「成長痛」。一個人如果天天做一樣熟悉的事，是不會有什麼困難、壓力的，當然也不會有什麼長進。

很多事情看表面是看不準的，心事誰人知？曾有個知名大企業風風光光的包下度假中心舉辦主管訓練營。當晚董事長特助睡在董事長隔壁房間，竟聽見董事長半夜在哭，原來快年終了，董事長擔心年底薪水、年終獎金還沒著落，但即使身為董事長特助，之前完全沒察覺董事長的憂慮和操心。

所以，不要只看到別人成功的結果，沒有想到過程中的辛苦，以為成功很容易。不要以為人家一開始這麼厲害，說不定年輕時比你現在還糟。

把短期計畫當目標，長期遠景當方向。
大多數人不是沒目標，而是目標過於遙遠。

創業沒有一步登天，年輕人最重要的，就是目標不要訂的太遙遠，否則會感覺很難達到。例如訂五年、十年的目標，做得到嗎？如果只訂短期如今天的目標、下個月的目標、今年的目標，感覺就容易多了。

因此，我常跟年輕朋友說：「要把短期計畫當目標，長期遠景當方向」。如果今天的目標達到、明天也達到、下個月也達到了，每天確實達到預定的目標，那麼中長期的目標也就不遠。訂定短期目標還有一個好處，就是容易達標，增加成就感及更有信心。

舉一個自己的例子：初（國）中時開始學英文，一開始很有興趣，很快把A、B、C字母背起來。記得第一次考試，英文考了一百分，感覺很有信心、很有成就感，對英文更加有興趣。這個例子讓我體驗到，愉快的經驗會讓人產生興趣。如果有興趣，又肯下功夫，就會得到成就，也會愈有信心。相反的，不愉快的經驗會失去信心，沒有信心事情就做不好，形成一種惡性循環。

但只擁有信心不夠，還要下功夫才能開花結果。初（國）中時我英文成績一直名列前茅，自以為很厲害，高中時沒認真學。荒廢的結果，大學聯考英文成績一落千丈。從學英文佐證了一件事：明明有興趣，如果沒有下功夫，結果也不可能會好。

達不到目標時，少談理由藉口，多談對策方法。

還有一件事我也覺得很重要，那就是「鼓勵」。當身邊的人對一件事有興趣時，除了嘗試之外，還要幫他加油、給一點掌聲。這就像小朋友學新東西時，愈鼓勵他，愈做愈好，愈有興趣。有興趣他才會花時間去做，慢慢的產生信心，不久後好的結果就會出來了。

在拚事業時，一向對自己很有信心。因為我知道，不管遇到什麼挫折，一定會克服，把困難當成平常的事面對、解決。即使最後沒有成功，也學到不少經驗，沒有拿到一百分，至少有七、八十分。因為抱著這樣的信念，即使遇到再困難的事也不怕，勇於面對，更能解決問題。

經營公司四十年來，遇到困難重重，即使每天要傷腦筋、要操心的事很多，但我從來不擔憂。人生處處有問題，處處有困難、衝突，要用正面的心態去看它。有衝突不一定不好，因為它是溝通的一種過程，讓我們發覺問題在哪。

有時，就算盡了最大的努力，也不能保證百分之百一定成功。因此，要學會盡人事、聽天命，結果還沒出來以前認真去做，等到塵埃落定了，就相信命運，告訴自己已盡最大的努力。即使沒有達到預訂的目標也不要失望，因為過程中已有其他體會跟收穫，而且往往「塞翁失馬，焉知非福」。

有些人一遇到問題就先想退路或藉口，例如：「不一定會成功」、「這件事真的太困難了，我可能做不到」，這些態度都不對。就算有困難，也要抱著「試試看、可能會成功」、「只要想對辦法也會達到目標」。這常存乎人的一念之間，有這樣的信念，大部分能解決問題。尤其書唸愈多、地位愈高的人愈愛面子，愈怕失敗，但愈怕失敗卻愈可能失敗。

「不怕問題，只怕不知道有問題」，一旦勇於面對，很多問題會迎刃而解。這就像刀子一樣，愈磨才會愈利，愈解決問題，會愈有能力及信心。

以變迎變，穩健開創

經營環境詭譎多變，我的策略思維是「以變迎變，穩健開創」，以變迎變是預測未來及準備好迎接可能的變化，順應環境發展，創造價值。不斷開創、創新，但要有風險控管的承擔能力。

理想堅定，務實前進。

接著以「理想堅定，務實前進」的態度執行。不想讓理想淪為空談，就要將長期當方向，短期訂目標，用心做好每一件小事，小事一步步累積成就大事。立下目標，雖然要有「不達目標、絕不休止」的精神，但時時要記得風險控管，這樣公司才能永續穩健發展。

我常覺得天無絕人之路，只要身體還健健康康，日子可以過下去，沒什麼好擔憂的。有收穫，就當成是額外得到的，如果沒有，也不會太在意。只要抱持這樣的想法，往往不會失望、常會有意外的收穫。

此外，如果碰到對你好的貴人，一定要感謝人家，如果人家沒有對你好，也不要不開心。這樣才能每天過得很快樂。不然一直記掛著：「我對你這麼好，你為何對我這樣？」，心裡肯定一直怨嘆，日子也不會愉快。

借力使力，自己負責。

一位醫生看一百位病人，其中一位病人診治有誤，對醫師而言，出錯率是百分之一，但對病人而言，這是百分之一百的失誤，因此，靠別人或只靠一個人有時靠不住。有些小孩早上習慣賴床，要媽媽一直叫才起床上學，但最愛你的媽媽也可能睡過頭，這時不能責怪媽媽，自己要設鬧鐘，因為自己的事還是要自己負責。

創業投資也是一樣，要自己管理風險，能負擔虧損才投入。我當選青年創業楷模，被新聞報導以後，許多人找我合作，說只要我投資，保證會賺五倍、十倍，但我知道天下沒有穩賺不賠的生意，也不可能只靠別人賺進大把的鈔票。

因此我秉持著穩健發展的原則，就算投資也在能負擔的範圍內，沒有被這些說詞迷惑。事實證明，這些投資往往沒有帶來預期的獲利。

人對，事情就成功一大半。

我從美髮用品起家，建立通路行銷團隊、接著代理藥品、到開發新藥、醫材，慢慢發展事業版圖，跨入生技領域。一路走來，體會到投入之後，會發現新的機會，事業是慢慢延伸出來的，不是憑空設想、計劃出來的。

每個階段我都有欣賞的標竿對象，當你有目標，想和他們一樣棒，所有困難都能忍。例如剛踏入職場，看到學長是成功的業務代表，心想我也要跟他一樣。後來看到朋友當老闆，見賢思齊，決心創業之後也要扮演好企業家的角色。

雖然生技產業是現在當紅的產業，卻有投資的高風險與不確定性。我是藥學系畢業，了解開發新藥需要投入很長的時間和大量的資金，而且沒人保證最後一定能研發出成果，會遇到許多挫折，能做的只有堅持。因此我抱持著「理想堅定、務實前進」的態度，一步一步往前進。

我之所以願意投入，在於研發出新藥能救人，像是懷特花了十多年，研發成功的懷特血寶注射劑，是我國食藥署成立後第一個核准的植物新藥，解決癌症病人化療、放療的痛苦折磨。

即使投入新的領域，我覺得，找到對的人，事情就成功一大半，懷特在研發新藥的過程，延攬了很多專業人才。要用對的人、專業的人，在找人前，可了解他過去的學經歷，也可以從曾共事的人，打聽他的人品或行事風格，看他對產業的專精、能否順應環境變化，永保競爭力。

成功的領導人永遠是樂觀的

由於我常正向思考，最不能忍受老是負面思考的同仁。所謂正向思考就是山不轉路轉，路不轉人轉，人不轉心轉。有些同仁遇到困難時一直找理由、找藉口，一直退縮，我覺得這樣的行為最不可取，因為這只會打擊士氣，有問題，就應找解決方案。因此，跟我共事的同仁都知道我最重視的原則，就是凡事要有正向成功思維，事情才會迎刃而解。

「正向成功的思維」讓人保持「樂觀」，這和「自我感覺良好、自欺欺人」的阿Q精神不同。阿Q是一種自我安慰，無後續行動，甚至容易陷入駝鳥心態，對事情並無太大幫助，所以談正向思考時，必須釐清是正向思考還是阿Q。

先看清問題，回想自己擁有什麼，而不是想缺乏什麼，例如：桌上有半杯水，不要想「只有」半杯水，而要想「擁有」半杯水。創立美吾華公司時，雖然資源不多，但我會正面地想：擁有的資源、人脈已比剛踏入職場時多得多。身為創業者，要有正向成功的思維及信心，才不會讓同仁失去跟隨的信心。

誠信、互惠、有禮的企業文化。

「誠信、互惠、有禮」是集團的企業文化，我認為，誠信是做人處事之本、互惠是利人利己之本、有禮是修身待人之本。以誠信來說，在我的觀念裡，「守時是誠信的基本」。公司四十年來，大大小小的會議，不管是幾個人或幾百個人參與，我一定要求準時開始。守時，這是一般人沒注意的問題。為什麼我很堅持？因為守時是重視人與人之間的承諾，這就是誠信的基本。

公司還有每個月一次的「勵志會」，已經維持二十多年了。會有勵志會的原因是，自從公司多角化經營，幹部們互相接觸的機會愈來愈少，彼此不容易碰面，也不知道對方在忙些什麼。因此，我們把每個月第三個星期六上午訂為「勵志會」，讓全體主管幹部們聚在一起，大家互相熟悉、互相學習、建立共識。可以一起討論公司有什麼地方要改進？如何提升競爭力？這樣公司才會有凝聚力、有團隊的歸屬感。

公司主管對部屬負有教育和帶領的責任，我認為「沒有打不贏的士兵，只有打敗仗的將軍；沒有不能用的人，只有不會用人的主管。」企業打總體戰，團隊一定要有向心力。如果想要同仁為公司賣命工作，就要讓他有歸屬感，主管代表公司，不但可以讓人依賴，而且還要能激勵大家自願為公司效力，達成公司總體經營目標。

很多人不敢用比自己強的部屬，這是很不正確的想法。有人告訴我，太能幹的人不好領導，甚至還可能取代你，但我的想法卻是，一定要用比自己強的人，這樣才能補自己的不足，不斷地學習才能更快到達成功的境地。

在美商臺灣必治妥當業務代表的時候，很幸運地遇過幾個好主管，他們對我可說是「傾囊相授」，那種負責任、有擔當的氣魄，留給我很深的印象。真正的主管就要這個樣子，永遠不要害怕下屬比你強，所謂「水漲船高」，如果想讓老闆肯定，把部門領導好、讓部下有好表現，才能將你往高處推。

公司裡有各級幹部，我要求他們「授權不授責」。所謂授權不授責是指，他們有充分權力決定職權範圍內的事，但若部下有過失，他們也要扛起責任，不能推給下面的人。尤其是有風險的事，最後主管還是要負責。像公司開會，雖然是集思廣益，但最後還是核決者要負責任，不能以「開會決定的」為由，推卸該擔當的責任。

四十年前，VO5美吾髮剛起步時，薪水比別人低、工作比別人重，但各部門部屬和主管並肩作戰，大家的關係很融洽。這完全和主管充分授權溝通，給予同仁很大的自主和揮灑空間有關。那一段日子跟著我一起打拚的人很苦，因為工作不但極富挑戰性，主管也要挑重擔，但大家仍願意日以繼夜地工作，因為苦得很充實，在工作中得到的尊重和成就感，彌補了工作上的辛苦。

與主管溝通過程中，先聽清楚主管的意見，
不要一開始就否決，
過程中再說明自己的意見與想法，
最後由主管整合共識才是好的溝通。

現在的年輕人總覺得自己比別人行，別說尊重主管的人不多，很多人甚至根本看不起主管。不過請相信我，大部分的主管都不差勁，因為沒有一個老闆會拿公司的利益開玩笑，用人一定經過再三衡量，所以儘管主管有缺點，但他一定也有很多你沒有的優點。只是這些優點被忽略或故意看不見而已。仔細去找一找吧！聰明的人應是拿放大鏡看別人的優點，而不是苛責別人的缺點。多跟主管學，多協助主管，一定有收穫。

將心比心、先給後取；幫忙別人，就是幫忙自己。

有些人的個性含蓄，有事總是放在心裡面不肯輕易說出來，反而還要別人猜；你和他愈親近，他愈認為你應該了解他、會讀他的心。但是，在大家都這麼忙碌的時代，誰有空想那麼多呢？所以最好的方法就是坦誠地表達自己的意見。交朋友應該坦誠，這樣可以省卻很多無謂的誤會和麻煩，做事尤其應該直截了當，拐彎抹角只會浪費時間而已。

從豐富的社團經驗中，我了解到「一樣米養百種人」，再加上每個階段的價值觀不斷的改變，所以，每每遇到衝突，要先站在對方的角度為他設想。我會考慮他的家庭背景、知識水平、工作環境，再揣度他的價值觀。多方面了解之後，再努力尋求一個對雙方都好的方式處理。總之，遇衝突時多為對方著想，讓對方知道自己的立場與想法，不急著當下釐清誰對誰錯，先讓彼此有時間沉澱思考，不要動氣，如此可以幫助你更了解事情的真相。

成功的人往往是傻過來的。

已故歌手鳳飛飛還在世時，我去聽她的演唱會。她在臺上分享自己成功的原因是「打拚」加上「忍耐」，我聽了感觸很深刻，因為我創業多年的體悟也是如此，要打拚才能顯出競爭優勢；設定目標後，過程即使遇到困難、挫折，要忍耐、沉住氣，不要因小失大，達不到目標。

很多人順境過慣了，一遇逆境就怨天尤人。但有些事短期吃虧，長期卻是占便宜，要能忍，要能等，才有機會享受到之後的成果。現在不少年輕人可能對「忍耐」兩字聽起來有點刺耳，換個比較合宜的詞彙就是「包容」。以前長輩會說：「要任勞任怨，才能成大事」，不少年輕人看重權利義務，只看短期、有形，很可惜，成功的人往往是傻過來的。每個人都怕吃虧，每個人都想占便宜，願意吃虧的人看似傻，其實是大智若愚；斤斤計較、投機取巧的人反而很難成功。

除了「打拚」、「忍耐」，我的成功信念還多了兩個字「分享」。當一個創業者，獨享是不行的，懂得分享，合作共識才能持久，因為人不為己，天誅地滅。和每個人建立好的關係，關鍵時刻不用開口，別人自然會幫助你。因為，身邊的每個人，平時都在給我們打分數，我們的行為，身邊的人都看在眼裡。

找到罩門，溝通更順暢。

我從業務代表出身，很多人好奇我成功的祕訣。其實不管是談生意，或是溝通，要先摸清對方的個性和條件，推想他為什麼不接受我的提案，是否談話的時機不對？他的情緒不好？只要是人，一定會有欲望、有情緒、有盲點、有罩門、有需求。

平時建立顧客的資料，除了了解學經歷，還可多和他身邊的親友聊天，知道他的喜好和需求，像有些人喜歡貪點小便宜，有些人則是剛正不阿……，即使是無欲無求的人，若是能打聽到他很敬重或感恩某人，請此人幫忙，談成事情的機會就會大增。

前陣子去醫院檢查身體，護士告訴我，她曾看到很多名人就醫，他們在電視上看來很兇、很神氣，但來看病時態度很不一樣，因為這些人生病了，希望醫生能治好他們的病，所以來看病時很客氣。人際關係也是如此，每個人都有罩門，找到罩門，就容易突破障礙，溝通起來更順暢。

輯四

輸贏

先想輸，再想贏

創業猶如一場長途馬拉松賽，在槍聲響起開跑的那一刻起，註定只能一路往前跑。我創業至今四十年，看著商場中的朋友，在成功的蹺蹺板上此起彼落，深深體會穩健經營比什麼都重要，因為商場中只准贏不准輸，所以「贏九次輸一次」不是等於贏八次，最後一次輸可能全盤皆輸。唯一不同的是，在戰場上你賭的是命，在商場上你賠的是信譽和財產。

有一位前輩曾經說過一段話：人剛開始追求財富，都以一百萬為目標。但當有了一百萬的第六個零之後，又開始追求第七個、第八個、第九個零，不過如果沒有最前面的「一」，後面再多的零都沒用。他說的這個「一」指的就是一個人的健康，健康最重要，高矮胖瘦和美醜都在其次。如果失去健康，就算是賺得全世界也沒用。企業也同人一樣，穩健經營才能永續發展。

就業、創業往往很理想化，因此要先考慮最壞的情況，再想可行的因應方案。例如我當業務推銷產品前，先想好對方可能會挑剔的地方，想好回應的方式，一旦對方嫌貴，就能很有信心的表達，為什麼自家的產品售價比較高。

很多事情要懂得見好就收，曾有業務代表談成生意後，高興的留下來與對方閒聊，結果沒想到客戶聊天時竟改變心意反悔了。至於何時要見好就收，需要每個人用心去體會。例如，談成生意的當下，心裡即使非常高興，也不能表露出來，因為太開心，對方可能會想自己是否買貴了。

美國著名作家馬克吐溫，有一次在教堂聽牧師講道，起初他覺得牧師講得很好，讓他感動，心想待會捐款要比別人多一倍。過了十分鐘，牧師還沒講完，他有點不耐煩，決定等下捐和別人一樣多就好。隨著牧師滔滔不絕，他開始覺得不想捐款了。從這小故事，提醒我們事情說清楚就好，對談和行銷要恰到好處，刺激過多、時間過久，反而引起反效果。

先立於不敗而後求勝。
成功往往是多方面的條件組成，
而失敗往往只要一項疏忽，可能就全盤皆輸。

我的企業不是最大，但很欣慰的一點是，四十年來，在全體同仁的同心協力下，美吾華公司一直穩健成長，雖然經歷多次景氣的大循環，卻始終站得很穩固，而且年年不虧損、年年都賺錢。很多人問我是否有什麼祕訣，或有人乾脆把這一切歸功於幸運。其實說穿了，只不過是我總是很謹慎、腳踏實地，從不做超出自己能力範圍的事，並且始終相信「穩健發展比求大、求快更重要」。

歷屆當選青創楷模的人，大概有一半以上後來失敗了。這些人在眾多的創業者中脫穎而出，當然是頭腦很聰明、生意做得很好的年輕人，為什麼會在這場競爭激烈的馬拉松賽中，提前被判出局呢？我想原因不外乎是高估自己的應變能力，企業一下子擴充得太快，如果這時出現危機，又不能安然度過，當然就會「一次輸光」。

企業決策者除了要有「穩健發展比求大、求快更重要」的認知之外，也必須有精準的眼光。多年來，我做任何一項決策時，都非常小心，總希望一次做對、做好，因為等做錯再更正，要付出的代價太高了。有很多企業界知名的朋友，就是因為急著求大、求快，而付出慘痛的代價。

不過世事難料，天下事哪有什麼是百分之百的呢？所以我在下決定時還會把最壞的結果盤算好，就算很不幸失敗，也絕對是在承擔得起的範圍內。這對企業的經營非常重要，因為只要不動搖到根本，要翻身就不是難事。

善任專家，不宜盡信專家

這是個競爭激烈的年代，年輕人想不被時代淘汰，光是進步是不夠的，進步得比別人慢還是會被淘汰。

如何又快又有效率的進步呢？我的方法是「善任專家」，多請教專家。身為企業領導人，為了把公司引導向有國際競爭力的光明未來，我必須把汲取新知放在生活最重要的位置。

以個人來說，關於企業經營管理的書籍是必修課，其他像財經、政治方面的報章雜誌等資訊亦非讀不可，但我的時間和一般人一樣有限，怎麼辦呢？在年輕當業務代表時，我就養成把握零碎時間隨時隨地閱讀的習慣，像等人、等車……，都足以看完一篇報導。

以前看報章雜誌、電視掌握最新訊息，出國的時候還得仰賴同仁把資料影印、傳真給我，隨著科技的進步，現在藉著手機，我在車上也能隨時掌握第一手訊息、處理公事。近幾年Line越來越流行，一開始我覺得很麻煩而抗拒，後來想通了，吸收新知的方式也要與時俱進，我請同事、女兒教我使用、加入群組，學會傳照片，臨時有急事需要溝通，同仁也可以透過Line跟我聯繫，提升工作的效率。

不聽老人（專家）言，吃虧在眼前。

創業的時候，不可能精通每一種業務。身為公司的決策、管理者，勢必要仰賴律師、會計師等各種人員，提供專業意見。尤其隨著公司的規模越來越大，事務越來越繁雜，還會尋求顧問的協助，善用專家的長才，可以教你做對事情的方法，指出一條捷徑。

問路要問兩個人以上。

你有問路的經驗嗎？在問路的時候是問一個人還是兩個人，有沒有問了路還是走錯的經驗？在我的經驗裡，到陌生的地方問路，絕對不能只問一個人，因為這樣實在太危險。萬一他也不確定，隨便指了相反的方向，又或者他說的「左邊」是你認知上的「右邊」，不就要越走越遠嗎？與其發現走遠了、走錯了再回頭，何不一開始多問幾個人，確認無誤後再行動。

請教專家的建議，也要考慮自己的條件，不見得能照單全收。剛創業的時候，公司請了專業顧問，我非常尊重他們給的各種經營意見，但最後還是整合適合自己的一套，原因就是這些專家一來不清楚我有多少資源，二來也不知道我有多少能耐，更別說知道我要一間什麼樣的公司。

另外像美吾華公司剛創業的時候為了推廣產品，曾經花很大一筆錢，從日本請來美容院的經營專家名倉康修先生，在中山堂為全省的美容業者舉辦經營講座，傳授日本美容院的現代化經營理念。

把日本經驗全盤搬到臺灣必然有需要修正的地方，如果照單全收、沒注意到兩國消費者的差異，可能會敗得很慘。這個例子就是告訴你，可以善任專家卻不能盡信專家。否則走了一條不適合自己的路再回頭，恐怕要花上數倍的力氣。

看看別人，想想自己

我常說：「做事失敗還可以重來，做人失敗卻不能重來」。鉛筆為什麼要附上橡皮擦？就是方便使用者在寫錯字時，隨時擦掉重寫。人也應該時時檢視自己的行為，一發現有偏差就要立刻糾正，避免越來越偏離正道。

他人的經驗常是很好的借鏡。看看別人，想想自己，學習優點，也檢視自己的缺點，這是一種個人的修煉，讓自己持續精進。從創業初期，先後參加了許多社團，就像是在社會大學裡，學到很多寶貴的人生功課。

事業仍在起步階段時，離鄉背井的我為了尋求歸屬感，分別參加了青商會和扶輪社兩個社團。這兩個社團的成員型態差距很大，青商會的成員年紀比較輕，大約是二十到四十歲左右，雖然都是年輕人，但是因為學歷、家庭背景不同，價值觀很不一樣，讓我深刻的體會到「一種米養百種人」，像是社會的小縮影。

雖然年輕、衝勁十足，但一些青商會的幹部後來生意失敗，推究原因，很可能是這些人投注於事業與社團的時間沒有拿捏好，疏忽了本業。這提醒我即使參加社團，發展人際關係，仍要穩健踏實的做事，專心專業於事業上。

扶輪社的成員則是年紀較大的成功專業人士，當時我是三十來歲的年輕小夥子，是其中最年輕的成員，一開始面對這些事業有成的企業家，感到有點自卑，但是很快發現自己擁有最大的本錢，就是「年輕」與健康，開始有了信心。不像有些年輕人不習慣和長輩打交道，我很喜歡跟長輩交往，不僅向他們成功的經驗看齊，更學習他們不吝惜提攜後進、以及待人處事的和善與謙虛。

當時森永公司老闆李炳桂先生和紅牛奶粉的董事長曹仲植先生等等，他們都是極有長者風範的人，至今仍記得剛進扶輪社時，他們對我的接納與鼓勵，雖然只是短短的幾句寒暄，也令我十分感念。

時時歸零，日日重生。

我非常重視讓情緒「時時歸零，日日重生」，有隨時準備再出發的智慧和勇氣。小挫折不斷是人生的常態，一個常常受挫的人，才會不斷檢視自己的缺點，這種人通常不容易失敗，因為在克服和經歷這些事情的同時，自己也不斷地在進步，將來就算碰到較大的困難也不至於驚慌失措。反而是太順利成功、少年得志的人，很可能把一切事情看得太簡單，若太過自信，以為自己無所不能、很了不起，那麼大失敗可能很快就要找上他了。

不過，小挫折不斷，很容易帶來壓力。人有壓力時會著急不耐煩，就會生氣，適當發洩情緒是必要的。當有壓力時，怎麼讓情緒歸零？要有自省能力、就事論事，知道自己為什麼有情緒，而不是一味的生氣。不理性的時候，不妨暫時離開現場，或改做其他事轉換、調適心境。情緒不好的時候不要做決策，寧願忍一忍、再想一想，免得在一氣之下做了後悔的決定。

多嘗試改變不要怕「小失敗」，但絕對要避免「致命性的失敗」。

不要認為大石頭才會絆倒人，從商多年，我看過很多少年得志的人後來嚐到大敗的苦果，絆倒這些人的常常只是一顆很小很小的石頭。一個人的成功除了靠個人努力之外，還要加上大環境給你機會才可能有成就，所以千萬不要以為自己多麼了不起。

常常提醒自己把過去的成就當命運，對將來則寧可相信事在人為。不要認為自己多了不起，也不要看輕自己的能力，只要對過去不後悔，對未來不害怕，「腳踏實地的做事、誠誠懇懇的做人」就有機會成功。

很多人會說把事情做好就行了，何必花時間和人溝通呢？這想法有必要修正，因為任何成功都是多方條件組合而成，不可能只靠一個人的力量成就，當然也不能光做人而不做事，那也是本末倒置的作法。

做事失敗還可以重來，做人失敗卻不能重來。

舉個例子，商場是很現實無情的，公司如果傳出即將倒閉的風聲，同業不但不會拿錢幫助這個人（因為害怕有去無回），很多時候還會暗地裡幸災樂禍、落井下石。不過良機董事長張廣博先生是唯一的例外。二十幾年前張廣博先生因為事業擴充得太快，公司周轉面臨危機，這時候許多商場上的朋友，紛紛解囊相助。在大家的協助下，他很快的東山再起，良機不但再度站了起來，而且越做越好。

大家為什麼願意幫助張先生呢？完全是他做人成功的關係。張先生平素做人厚道、實在，所以儘管大家知道借出去的錢很可能拿不回來，還是願意在自己負擔的起的範圍內大力幫忙（當然後來張先生非常守信，如期一一償還朋友們的錢）。張先生當然是個很會做事的人，但要不是因為他做人成功，在二十幾年前的那場危機中，他的江山恐怕就此失去了。這個例子應該足以說明「做事失敗還可以重來，做人失敗卻不能重來」這句話的意思吧？

做人要像滾雪球，不要像吹氣球。

我父母那一代人，非常重承諾，做生意常常只憑一句話，說了就算。現在這一

套當然不再管用，但是我對自己的要求仍然如此，多年來不管是做生意或交朋友，我對任何承諾，不管大小，一定履行。

舉個例子，很多人見到朋友總是難免隨口說：「哪天有空我們吃個飯吧？」然後轉頭可能就忘了這件事。這不是什麼很嚴重的缺點，很多人都曾如此，可是我要求自已絕不輕忽這種承諾，既然承諾就要實踐。

很多人認為這件事沒什麼大不了的，但我卻相信，好習慣就是財產，小事做好才能成就大事。何況人哪有什麼了不起的大事呢？能要求自已把每一天當中的每一件小事做好就不錯了。

一個連小事都慎重做好的人，除了讓人欣賞和信賴外，相信不管做什麼事都會成功。將近三十年前，當我還是個沒沒無聞的年輕人，在一個研討會中碰到後來做到中央銀行總裁、當時是合庫副總經理的許遠東先生。我倆不熟識，他正和別人在談事情，我向前遞了一張名片給他，他向我禮貌地點了個頭，就和那個人繼續未完話題。以他當時的身分和地位，那樣的反應是很正常的，我也沒覺得有什麼不妥。

一小時後，我回到公司，才坐下來就接到許遠東先生的電話，他一開口便說：「李先生，剛剛在會場很抱歉沒能和你說話，有什麼銀行可以服務的嗎？」

這件事讓我的印象非常深刻，相信許先生後來坐上央行總裁的位子，靠的絕不是憑天而降的好運。想想當年的合庫副總經理是多麼高高在上的人物，他居然對擦身而過的中小企業老闆，賦予深深的關切，這樣的人不但讓人信賴，也讓人敬佩。

再回頭來說自己的創業，我常很欣慰地告訴別人，自創業以來公司一直穩健成長著，我是怎麼做到的？靠比別人多一點幸運、多一點聰明腦筋嗎？不，重點在於我付出過很多的努力。擁有的一切都是靠一點一滴的努力累積起來的。

部屬工作優先順序要配合主管，個人發展要配合組織發展目標。

公司裡的不同部門，很可能為求表現、互相競爭。通常愈在基層的人，愈是本位主義，但在上位的主管，需要透過訓練，學習綜觀全局，整合不同部門。高階管理者需要對公司的經營理念建立共識。我訂每月第一個禮拜五，與高階主管共進午餐，就是希望加強彼此的溝通交流，建立團隊共識。

決策的主管與執行的部屬要充分溝通，因為公司的業務繁雜，部屬決定工作目標時，需與主管討論優先順序，工作才能勝任愉快，並且讓企業越來越好。如果工作輕重緩急的順序錯誤，與主管的目標南轅北轍，往往事倍功半。

主管用人要懂得包容，
部屬要成為有「被利用價值」的人。

主管「知人善任」可以發揮部屬的最大價值。只有不會用人的主管，不要把部屬的優點視成理所當然，一直挑剔他的缺點，不然一直嫌，部屬待不久，主管最後只能唱獨角戲。有些能力強的部屬，卻有些個性與脾氣，主管要能包容，以誠信相待，用時間讓部屬了解你的用心。

至於部屬要在職場上保有競爭力，得成為一個有「被利用價值」的人，主管願意善待你，你也不會輕易被他人取代。

不少員工覺得難以和主管相處或者取得信任，其實懂得察言觀色很重要。當主管外表看起來很煩惱或有壓力時，就不要這個時候急著找他報告或討論事情。平時要定期向主管回報工作進度，即便主管沒有特別要求，也要讓主管了解自己的進度，這樣能讓主管了解和安心，長期下來，就能贏得信賴。

主管與下屬之間難免有磨擦，平時的相處模式很重要，才不會因為一時的衝突，讓團隊的氣氛不和諧。像有些父母要求很高，子女犯了錯會被痛罵，但假如平時父母很關心孩子，也賞罰分明，孩子就會知道父母是為了他們好，彼此的關係不會因為某次父母動怒而有裂痕。

有個研究，將小老鼠丟下水，並將牠們的頭壓到水裡，起初牠們不斷掙扎。但重覆多次，有的小老鼠會放棄。過了幾天，再次把牠們丟下水，牠們不再拚命浮出水面呼吸，反而放棄求生意志沉下去。這個實驗說明了，人如果不能得到正向的回報，很容易會表現出消極的心理狀態。所以主管要帶給下屬正向思考的觀念，減少下屬對工作出現負面的情感，下屬表現得好，適時獎勵是必要的。

若主管的個性比較嚴肅，需要有人扮演協調的角色，像某知名企業家治軍嚴謹，有時發起脾氣，把下屬罵得狗血淋頭，這時仰賴企業家夫人事後安撫下屬：「董事長動怒是對事不對人，不是否定你其他貢獻」，幫忙修補關係。

主管的頭腦要清楚，不能耳根軟。不要被下面的人蒙蔽。要時常注意下屬「平常的表現」，可以更看清楚這個人的為人。部屬不要在背後批評主管或公司，若輾轉傳到主管的耳朵裡，關係很難修補，也會失去主管的信任和提拔。

人際關係要妥善經營。

怎麼樣才能有好的人緣？首先，對人要慷慨，樂施小惠，不要占別人便宜。再者，對人要客氣禮貌，多關心別人，俗話說：伸手不打笑臉人。最後，多為人著想及服務。

當事業成功，常常會有人來請託、拜訪，下面是常會遇到的三個尷尬問題：

1. 面對長輩或過去友人來訪，但行程忙碌，時間有限，怎麼解決？

這種情況很難拒人於千里之外，可以安排碰面，以誠相待，但需要控制時間，婉轉表示接下來還有行程，並在離別前送個禮物給對方，對方感受到誠意，多半不會強求。

2.若長輩或朋友來借錢、要求投資，該怎麼回應？

不跟對方見面說不過去，但要有心理準備，事先想好該怎麼回應。對方借錢、投資要斟酌自己的能力與風險，承擔不了、有困難時，要誠懇地拒絕對方，千萬不要不好意思，不需要太多理由。或是先說明自己的困難，有時對方會知難而退。

3.別人想借用你的關係做事，該如何處理？

清楚掌握自己身邊的人做了什麼事情，並要求誠信，不隱瞞不欺騙。例如，我會交待同仁不能用我的關係做私事，若有困難我可以幫忙，但不可以用我的名義自作主張。

輯五

身心

保持身心健康平衡

談事業經營，重點不只放在名利的成功，也要注意身心的健康平衡。

念大學時，我對心理學有興趣，認為談健康，心理和身體一樣重要。那時看過一本「心理自衛機轉」的書，內容談的是平衡身心的方法。原來出現負面情緒或抱怨時，運用正面的認知、態度處理，可扭轉結果。

我常跟朋友分享「均衡」的觀念，強調個人健康、家庭、事業、社團服務，需均衡發展。我很喜歡所謂的「中庸之道」，凡事恰如其分、恰到好處。把這句話應用到日常生活的種種瑣事上，藉以保持生活平衡。譬如吃，不宜暴飲暴食；工作雖然要努力，但不要硬撐到身體受不了；也要有足夠的睡眠、適當的運動等等。

我相信「保持身心的健康平衡」，做事往往會順利成功。在高度競爭的社會裡，人與人之間無時無刻不在比較、競爭，年輕的時候比學業成績，中年比經歷、地位、事業，到了老年則比健康。適度均衡的生活可以保持一定的體力，在人生大道上以穩健的速度前進。

身心健康、事業、家庭均衡，才是圓滿的人生。

一天只有二十四小時，要兼顧家庭生活與工作事業的方法是讓事情的安排發揮最大的功能。譬如生意人難免有很多的應酬，孩子小的時候我盡量安排家庭式聚會，和生意夥伴家庭聯誼，這樣有助於生意，也陪到了家人，一舉兩得。還有假日的時候，和內人到超市逛逛，陪她採買之餘，自己也看看超市相關產品的市場資訊，經營夫妻情感之外，也兼顧到工作需要。

每個人都有脾氣及個性，我重視情緒歸零，有了正向的想法，才能理性地看待經營事業遇到的困難，也會激勵自己把困難當做挑戰，找到解決的契機。

生活規律化、運動生活化、工作樂趣化。

要身心健康，不要忽略了生活規律以及運動。多年來，養成晚上十點多睡覺，早上五點多起床的習慣。運動從不間斷，年輕時打乒乓球，創業後，結合運動與人際關係，改為打網球、高爾夫球。六十歲後，改為持續緩和的運動，每日維持健走五千步以上，每週兩次體適能運動。飲食方面，隨著年紀增長調整口味，現在注重低油、低鹽、低糖、少肉多青菜的均衡飲食。

如果身體發覺不對勁，要趕快看醫師確認情況，不能自我合理化，拖延醫治，千萬不要輕忽身體的不舒服，避免憾事發生。我有一位親戚自覺身體疲累，以為是前一晚沒睡好，休息一下就會恢復，結果躺下休息，竟心肌梗塞走了，這給了我莫大的感觸。

四十多年前，心理衛生還未被重視時，我就發現心理與情緒左右許多事，保持情緒穩定和維持愉快非常重要，會製造善的循環。我喜歡製造快樂給周遭的人，幫忙別人及給別人方便，因為幫忙別人，就是幫忙自己；給別人方便，就是給自己方便。如同有前輩曾告訴我的：善待自己，幸福無比；善待別人，快樂無比；善待生命，健康無比。

現代人常覺得壓力不小，其實不少壓力來自自己，而非外在。凡事要量力而為，目標要明確且短期可達成，離規劃的中長期方向會越來越近。若目標訂太高達不到，就需要修正。

就像老闆一直增加工作量，壓力當然很大，一定要有具體的減壓方法。假設每日工作量是拜訪五個客戶，當老闆要我增加為每天十個客戶，不妨跟老闆溝通，讓他知道我的極限，因為每天要拜訪的客戶變多，可能與每個客戶互動的時間會縮短，無法聊得很深入。我也會跟老闆商量所需的資源與協助，避免長期處在太高壓，影響身心健康。

人不可能永遠沒有負面的情緒困擾，重要的是如何讓情緒轉為正向的力量。二〇一六年奧斯卡最佳動畫影片《腦筋急轉彎》（Inside Out）是一部教人簡單認識自己情緒的影片，告訴你快樂、憂愁、厭惡、恐懼和憤怒，這些情緒元素並無好壞，但要懂得認識情緒，在工作上認識情緒也很重要，會影響工作的成敗。

「學習控制情緒」是成功者必修的學分

有人的地方就會有衝突和磨擦，不要讓這些事情影響心情，保持快樂的心情工作，可以達到事半功倍的效果。反之，會讓自己做起事來處處碰壁。我在當業務代表的時候，有業績壓力且常常碰到難纏的顧客，他們總是對我的產品價格嫌東嫌西，我的心情幾乎每天面對最嚴苛的考驗，如果不學會怎麼控制情緒，肯定天天要氣得半死吧！

說起來，人生碰到挫折的機會多，一帆風順的機會反而少，必須學會克服人生的低潮。我克服低潮的方法很簡單，就是做一些事務性的工作。從前跑業務時，每次在客戶那裡受了氣，回公司後就整理顧客資料卡，在機械化的動作中，一方面調整心情，一方面領悟出很多問題和機會，千萬不要因為受氣而借酒澆愁愁更愁。

多年來我也一直學習駕馭感情而不被感情駕馭，盡量用愉快的心情和周遭人和睦相處，和夥伴同心協力不做無謂的計較。

我總是努力在人生的每一個階段，做該做的事而不只是喜歡的事。舉個例子，三十幾年前我剛創業不久，因為事業高度成長資金短缺，不得不親自跑到銀行貸款，結果被銀行的一個放款襄理狠狠教訓一頓，說：「你沒錢學人家開什麼支票？」這句話當下叫我火冒三丈，但是為了公司需要，我只能忍氣吞聲，努力控制情緒。

多年後，我的事業做起來了，很多銀行搶著要和公司打交道。有一回在住家附近，看到當年那個訓我的襄理，他從很遠的地方就堆著笑臉向我猛搖手打招呼，嘴裡還巴結地叫著「李董、李董」。這真是叫我感慨良多。試想當年我要是按捺不住怒火，和那個勢利眼的銀行襄理起衝突，極有可能因為借不到錢周轉不靈而賠了公司，那我還會有今天嗎？

另一個例子是，美吾華公司在剛創業的成長階段，曾有對手公司放出風聲說我們有財務危機。這對公司的商譽影響很大，那時有人建議我們訴諸法律解決，反告他們毀謗。但我們沒有這麼做，因為我相信時間可以證明一切。

我很快從憤怒的情緒中走出來，用更積極的態度反省、檢視這件事背後的問題，這樣惡意中傷正好給我一次檢查企業體質的機會，也算是意外收穫吧！下次當面臨批評時，試試看不要生氣，仔細想一想人家為什麼要這樣說你，「有則改之，無則勉之」。切記不要先忙著澄清和解釋，有時對事情不但沒有積極的幫助，還可能衍生更多不必要的問題和煩惱。

當面對黑影時，只要轉個身立刻迎向陽光。

危機使人產生鬥志，想法一轉商機無窮。

我從來沒有悲觀、消極過。從小看很多勵志書籍，有時遇到瓶頸，只要睡一覺或是做自己喜歡的事情，像是去運動打球，心情就會豁然開朗，覺得沒有什麼事情是解決不了的。

常常想自己擁有什麼，不要一直拘泥自己失去什麼，這樣能減少煩惱。像我看到新聞報導寒舍集團創辦人蔡辰洋心肌梗塞過世，心裡既震驚又惋惜，更提醒自己要珍惜、把握當下。

經營企業難免遇到案子被競爭對手搶走，雖然會因此煩惱，但換個角度想：「大不了少賺一點錢，但人生有的是機會啊！」人生起起伏伏，只要平平安安，就有八十分。達到人生每一個階段設立的目標，同時又保有身心健康及平衡，才是圓滿的人生。

更何況，人生的勝負很難說，很多時候是山不轉路轉，路不轉人轉，現在失意並不表示永遠失意，重要的是積極展望明天。在影響我最深的一本書《如何在四十歲以前成功》中，有個例子可以提供給失意的朋友參考，試著建立更積極的人生觀。

作者戴路（William G.Damroth）說，如果正擔心失業，不能只是坐困愁城，他建議：「不如假設最惡劣的情況，然後決定在那種情況下該怎麼辦？就假定已失業，那麼應該決定的問題是，找什麼樣的職業？到那裡去找？沒找到之前如何過日子？」

下決心可以趕快從壞情緒中脫困，免除掉很多煩惱。想要成功的人根本沒時間愁眉苦臉。所以必須要學會控制情緒，隨時保持愉快的心情和積極的人生觀，只有這樣才能攀上人生的高峰。

無形的財富往往比有形的更重要

很多人追求著帳面上的資產累積，甚至因此犧牲了健康。年輕時參加臺北北區扶輪社與臺北市國際青商會的經驗，不僅讓我學習待人處事的態度，也體認到身心健康更是一個人無形的財富。

青商會與扶輪社在組織成員上剛好是明顯的對比，青商會的成員因為年輕所以可塑性很大、衝勁十足，但也容易在掌聲中迷失自己。扶輪社中的大老闆們事業已有成就，卻常煩惱身體的健康，花很多的錢和時間在看病上。

我先後參加兩個社團，正好截長補短。青商會學習訓練自己服務人群，也看到一些失敗的例子，教我學會穩穩做事、踏實做人；扶輪社則讓我體會成功人士的風範及一些有助身心健康的觀念。我深刻體會到年輕人用身體去換金錢，而老年人卻用錢換健康的無奈。

人生所為何事？拚命追求成功賺來的錢，難道是為了留著老來看醫生嗎？我定期到醫院體檢，一個對自己、對家庭負責的人，最重要的就是從照顧自己的健康做起。有病靠醫生，健康靠自己，身體好的時候就要保養，不要等到出問題才補救。

當一個製造快樂的人

有些事讓我感到非常快樂，例如至親好友平安健康；以及做自己想做、喜愛的事。尤其第一件事，最近很有感觸。前陣子我得到流感，非常不舒服去住院，這真是人生中很低潮的時刻。當我住院時，想到高齡九十歲的母親也生病住在同一間醫院，心裡感到相當難過，可見親友平安健康，自己才能快樂。

其次，做自己想做、喜愛的事情，也讓我很快樂，尤其是工作能符合興趣，更能樂在工作。

前陣子跟大女兒伊俐聊天，她提到，努力達到自己設定的目標，是非常快樂的事，這點我也很贊同。去年她為了跑馬拉松，持續練習了三個月的時間，她告訴我，練習的過程很辛苦，但因朋友互相鼓勵，她一步步克服、沒有放棄，最終達成設定的目標——跑完半馬。她說，經過努力而達到目標的快樂非常持久，這讓她很有成就感。看到她開心，我更開心。

生活中溫馨的親子互動，也讓我很開心。女兒替我安排，每週日下午請桌球教練教我和孫女打乒乓球，能重拾年輕時的興趣，又能和孫女一起運動，這也是生活中的小確幸。

製造快樂，凡事往好處想，快樂其實也是一種習慣。

快樂可以自己製造，對我來說，在疲累、壓力大時去運動、或抽空去美髮店洗個頭、小憩一下都能讓自己轉換心情。

就算是平常的日子，我也喜歡為家人製造小小的歡樂。每次出差出國，我會給家人帶份禮物，如果真的忙得沒時間，我也一定在回程的飛機上買個小東西。內人每次都罵我不會挑東西、浪費，但眼裡卻藏不住高興的神色。其實這些小禮物不一定很值錢，但是收到的人，心裡為什麼還是樂不可支呢？因為可貴的不是禮物，而是那份心意。

年輕時在工作上衝鋒陷陣，很少有悠閒的心情享受生活。現在仍然忙，卻比較懂得忙裡偷閒，經營和家人的關係。我常和內人一起牽手在臺北街頭散步。有時坐在路旁的椅子上，靜靜地看過往的人和車，有時也會走進看來不錯的咖啡廳，到裡面聽聽音樂、細細地品嘗一杯咖啡，然後再漫步回家。對一個上年紀的男人來說，這應該也算是一件享受的事吧！

我常聽人說：如果有錢就好了，一定要如何如何。其實有錢並不見得買得到快樂，同樣地，有很多快樂根本不必花什麼錢就可以獲得，重要的是有沒有那份心意。很多人不快樂是因為太愛計較，計較自己付出的多別人付出的少，或是計較這樣做有什麼好處或意義。這樣的人真的很難擁有快樂，他總是會想這樣子公不公平？那樣子公不公平？但這世界本來就是這樣，沒有什麼公平不公平，只有願不願意成為先付出的一方。

從我一路走來的經驗裡，我知道，肯先付出的人不但終究不會吃虧，還能得到加倍的快樂。

多年來我的腳步一直很快，太太正好和我相反，她從生了小孩以後就選擇在家當全職媽媽，很少參加不必要的應酬，腳步雖然慢，頭腦卻清清楚楚，悠悠閒閒、自得其樂過著平凡閒適的日子。也正因為她擁有知足常樂的本事，所以她也為我們家製造了一種安定的快樂。

懂得安排生活、為人隨和，讓身邊的人快樂，自己才會快樂。

早年因為工作很忙，當時兩個分別在臺大和北一女就讀的女兒功課壓力也不小，一家人要聚在一起得刻意安排，譬如說每週一次以上的家庭聚會，大家輕鬆聊聊近況及未來，和一年一次以上全家一起出國旅遊等等，這方式直到女兒進入職場、成立家庭，二、三十年來仍然不變。

工作之餘安排休閒活動時，我喜歡找朋友或家人一起參與，一來紓壓，一來增加彼此相處的機會，凝聚感情。像我很喜歡唱歌，會邀內人與朋友夫婦同樂。尤其年紀大了以後，孩子有自己的生活圈，不一定時時能陪伴我們，好友定期相聚真的很快樂。

有些朋友會抱怨，夫妻相處數十年，反而無話可講或常拌嘴。我真心建議，唱歌是紓解壓力很好的管道，比聊是非更健康，因為聊是非有時可能擦槍走火，反傷了感情。

再者，為人隨和也是快樂的根本，有時候人習慣有固定的喜好，其實人是有可塑性的。高中、大學時，感覺身邊的人都很優秀，所以那時有點自卑且多愁善感，買的衣服都是深藍色。當我要結婚時，太太送我一條很喜氣的紅色領帶，我不好意思拒絕，嘗試戴上後，越看越好看，才發現原來自己可以改變，改變也很好。就從那時開始，我發覺「無傷大雅的事，不妨試試看」，心靈更開放，這也讓我的生活有更多更豐富的體驗。

例如，我平時習慣穿正式服裝，公司四十周年迎春晚會時，同仁特別設計紀念T恤，一開始頗擔心穿T恤看起來不夠正式，但想想無傷大雅便嘗試了，穿上後感覺變年輕有活力，而且有團隊精神。

還有，每年過年安排家庭旅遊，但地點交由女兒決定。我活到這個歲數，哪裡沒去過、什麼沒吃過？我覺得和家人、朋友出遊或聚餐，去哪裡、吃什麼不是重點，享受的是當下互動的氣氛。參加很多社團，也發現在群體中受歡迎的人，通常是隨和的人。

獨樂不如眾樂。

我覺得「獨樂不如眾樂」。就拿和朋友唱歌來說，不是個人出盡鋒頭、只唱自己會唱的歌，而是「要唱有共鳴的歌」，所以我唱歌很少獨唱。很多人唱歌只是想秀自己，唱得太忘我，難以和現場其他人同樂。唱歌要看場合，和年輕人就唱年輕人的歌，和長輩就唱抒情老歌。如果五個人一起唱歌或是聊天，我會提醒自己「出聲」的時間不要超過五分之一，讓其他人有機會參與表現，不要獨占時間、作秀，這樣別人才不會討厭你。

很多人要唱歌，一時之間不知道要唱什麼，光找歌就想了半天且傷腦筋。為了節省時間，我把會唱的歌列表，比照KTV的歌單分類，將歌名按字數、國臺語、以及獨唱、合唱曲分門歸類，並抄下各家卡拉OK，如錢櫃、金嗓、音霸的歌曲編號，將這份歌單存在手機裡，便能很快地找到要點唱的歌曲，也可以拿著歌單詢問朋友想合唱哪首歌，讓我很輕鬆自在的與親友同樂歡唱。

李成家的正向成功思維，給了你什麼啟發？不妨記錄下來……

輯六 感恩

不後悔的決策就是最好的決策

感恩、惜福、向前看。不管是再壞、再好的事情，都會過去，最重要的是未來。別老是怪自己運氣不好，要學會珍惜現在的資源，好好善用、開創未來。

把握當下，迎接未來。

人生沒有十全十美，很多事情要向前看。我一直提醒自己，做事少付代價，一次把它做對、做好。我常掛在嘴邊的一句話：「什麼是最好的決策？不後悔的決策就是最好的決策！」

多請教前輩、長官、專家，多看看別人、想想自己，才能找出一次做對、做好的方法。當我大一時，就時常請教大二、大三的學長常在什麼地方付代價，因為學長會錯的，我可能也會遇到。我不想走錯路，所以一直預測未來、準備未來、迎接未來。因為把最大風險考慮進去了，就沒什麼好擔心的。雖然大環境及未來會變，但懂得評估風險就沒什麼好怕，萬一失敗也只是小傷而已，進而把握住未來機會。

一九八五至一九八八年，我在淡江大學企管系兼課，第一天我就告訴學生，要適應環境而生存，善用環境而發展。現在年輕人老是怪東怪西，卻不去學著適應環境。不管是到什麼地方，都要適應環境才能生存，等到適應了，才能善用環境及資源發展。如果空有理想，卻無法存活下來，那也沒有用。

此外，成功是很多條件，在天時地利人和下才能促成。每個階段的環境、條件及貴人都不一樣，不光是努力就行。如果讓我再重新來一次，重新再創業，也未必能像今天這樣。

人生處處有貴人，對你好的是你的貴人，對你不好的，是在磨練你，也是你的貴人。

許多年輕人遇到挫折或困難，總是很快就退縮，也變得沒耐性、悲觀、消極，甚至是怨天尤人，這些態度於事無補。我常告訴周遭的年輕朋友：「人生處處有貴人」，幫助你的、對你好的，當然是貴人，但那些傷害你的、欺負你的、阻礙你的，都在磨練你，也都是你人生中的貴人。

一生中會碰到很多人，有些人幫你，有些人害你、嫉妒你，什麼樣的人都有。如果能抱持著：「挫折，可以學會克服逆境、讓人更成熟」這樣的想法，遇到困難時就不會埋怨，會把這些經歷當成是人生的磨練。用正面、正向的態度去面對挫折，就能學會跟別人溝通，主動解決問題，這對未來很有幫助。除了要感謝生命中的貴人之外，自己也要不斷向善、向上提升，才能幫忙很多人，變成別人的貴人。

挫折要忍耐，學著善用成功。

許多年輕人抱怨時機不好，不成功是命運安排，我覺得這種宿命論的觀念不對。我不相信命運，也不迷信風水，而是相信事在人為，會不會成功，要靠自己努力。有些人歸諸於景氣不佳，但我創業四十年，心目中沒有景氣問題，只有競爭力的問題。有競爭力，景氣再壞也能立足，沒有競爭力，景氣再好還是會衰敗。

當初我想創業時，聽了管理大師許士軍教授的演講，他說當企業家要具備未來性、變化性、理性、回饋社會四大取向理念，至今我仍不斷的勉勵自己，要持續向四大理念精進努力。

我很務實，不談一步登天的夢想，而是認為人要有理想，這是長期的方向，再透過短期設立的目標達成。立定目標後，遇到挫折，不要灰心喪志或怨天尤人，有時換個角度想，退一步海闊天空，就像插秧者是邊後退邊插秧，這動作看似不斷倒退，其實是向前，人生也是這樣，有時後退其實是向前。

為了達到目標，我什麼挫折都可以忍耐。一開始在必治妥當業務時，不會談生意，看到醫師很緊張。去拜訪醫師時，熱誠的想跟醫生說明藥品的好處，結果第一次被醫生趕了出來，我回去檢討、請教主管後，決定換個方式再去拜訪。

在等候的空檔，我坐在醫師看得到的地方，一邊看書一邊等，讓醫師知道我是好學上進的，留下好的印象。等醫師有空時，我用虛心的態度請教他，和他聊他有興趣的話題，「善聽勝於善言」，最後原先對我發脾氣的醫師，成為我的大客戶。

我除了不怕挫折，創業初期「善用成功」也是一大助力。當年我被選為第一屆青年創業楷模，當時只有台視、中視、華視三家電視臺。晚上九點黃金時段的三臺聯播節目「路是人走出來的」，以三十分鐘報導我成功創業的故事，讓我聲名大噪，很多醫生朋友看到我上電視，都分享我的光榮。人家認識你，做事容易多了。我學著「善用成功」，在創業後參加很多社團，拓展自己的人脈，更打響公司的知名度。

發展事業的時候，人脈經營雖然很重要，但要有方法。我參加過很多社團，認識很多人，但一個人的時間有限，交朋友不要太貪心，要「看得準、抓得牢」。最重要的是要花時間交往經營，每個階段能深交幾個重要的朋友，就已經很棒了！

人沒有十全十美的，有八十分就不錯了——

有一次和大女兒伊俐聊天，談起自己的英文不夠好，不然我今天的成就不止如此。伊俐告訴我說：「爸爸我覺得你已經很棒了，太美反而不美。」她的話想想真有意思。

這不就是我一向強調的「八十分主義」嗎？我是個非常務實的人，從不花時間做不可能實現的夢。在處理事情和面對問題上總是盡最大的努力去做，先掌握關鍵性的八十分，站穩之後再追求剩下的二十分。

許多事都是百分之二十重要的部分，貢獻出百分之八十的效益，只要先做好這百分之二十，就可以掌握八十分。掌握關鍵性的八十分，行有餘力後，再一分、一分往上加，也可以達到一百分。

就像企業一定要穩健經營，想要一下子衝到一百分，很可能因為擴充太快而面臨危機，嘗到很慘的苦果。所以我在定目標時從來不會好高騖遠，總是先從一個短程目標做起，完成之後再定下一個，像疊磚塊一樣，慢慢朝大目標逼進。

這樣的方法施行起來，就不會因為有太大壓力而把自己逼得無路可逃。就像考試，先把容易的試題寫完，先掌握八十分，再慢慢思考剩下的二十分，這樣至少在一般水準以上。最怕的是拚命想求一百分，患得患失的心情很可能影響答題，結果明明會的也不小心答錯。

經營公司也是這樣，先求站穩再求發展，把重要的八成掌握在手裡，剩餘的兩成再慢慢地穩健經營，這樣才有百分之百生存下去的可能。反之如果一開始就跨大步，在企業體質未臻完善之際追求高度成長，很容易敗得很慘。

一個總想一下子就達到一百分的人，內心很難得到快樂和平靜，不但不懂得感激和珍惜可以擁有的八十分，還拚命追求難以掌握或根本得不到的，這樣除了更不快樂之外，又有什麼用呢？

家庭也要經營，將榮耀與家人分享

我和內人是在臺北火車站認識的。那時剛服完預官役在美商臺灣必治妥公司上班，一個炎熱的午後，正要趕回工作地新竹，在臺北火車站巧遇大學時的學長賴國棟，他向我介紹在他身旁的兩個女子，一個是太太、一個是小姨子蔡玉雲。等車的空檔和學長兩人相談甚歡，離開時他邀我放假到臺中玩，說要把小姨子介紹給我，我偷偷瞄一下站在他身旁不發一言的她，立刻就答應了。

那個星期六，迫不及待地趕到臺中，回來之後對她展開追求。在書信和長途電話的攻勢下，我們開始交往、進而結婚。婚後我全力在工作上衝刺，她則默默打理家裡的一切事情，讓我打拚時無後顧之憂。

內人在我眼裡是生活大師，不喜歡無謂的交際應酬。但是偏偏我的應酬又特別多，當初她很不習慣。和一般夫妻一樣，年輕的時候難免爭吵，但吵架有時也是溝通的過程。

後來，為了爭取和她相處的時間，同時兼顧朋友交往，便刻意安排一些家庭應酬。這樣一來她既能了解我的生活和交友狀況，又可以選擇性的參與，對我們的家庭生活和婚姻關係都大有助益。

可貴的是，多年來她始終保持著過簡單生活的心情，一向多做事少說話。她行事低調，平日生活單純，多年來我接受媒體採訪的次數不下百次，有些媒體要求她或孩子一起接受採訪，她盡量婉拒。

家裡客廳牆上有一幅她的字畫作品，上頭寫「無事小神仙」，是她對人生的心得和體悟。這是多麼令人羨慕的境界，在這個忙忙碌碌的時代，有多少人能真正享受這樣的優閒自適。在我眼中，太太無疑是個真正懂得過日子的生活大師。

用心經營不在於時間多寡，用對方法，就可兼顧事業及家庭。

很多事業有成的人忽略家庭，這是非常不可思議的一件事。一個人就算在外頭有再大的成就，若無法帶給家人快樂，也稱不上圓滿。我曾經在事業上衝刺過頭，引起兩個女兒和內人的抱怨，還好她們很快讓我知道失職，讓我得以及時改正。從兩個女兒還小的時候開始，我每週選一個固定的時間召開「家庭會議」，在這段時間中我們敞開心門，毫無保留地把各自心裡所想的事情講出來。

我對兩個女兒的了解，很多是透過家庭週會，包括她們的喜悅、憂愁、煩惱和希望，甚至是對父母的期望等。我和內人也會很清楚明白地讓她們知道，爸媽在做什麼事情。在這個會議中，大人票和小孩票的效力一樣，家中的共同行動，一定要得到大家的支持和認可，有不同的意見可以提出來討論溝通。在家庭週會中，每個人都要向家人報告這一週做了一些什麼特別的事，快樂得意的讓大家分享，傷心失意的讓大家安慰，煩惱的事則讓大家幫忙想辦法解決。此外，也會簡單報告自己下個星期的計劃，若是屬於共同的行動，就可以各自去準備。

不要以為你很了解家人，也知道他們想法，
用不用心，他們會感受到，
也會影響孩子的人格發展及行事態度。

家庭週會在孩子還小的時候，是她們期待我聽她們心聲的好時間，尤其二十多年前兩個分別讀北一女和台大的女兒比我還忙，要不是有每週固定一次的聚會，我想要和她們好好談話還真不容易。

不管再忙，每週找時間溝通，家人間更緊密，父母的身教言教，無形中也影響了孩子的價值觀。次女伊伶念小學時，我看到她的聯絡簿上寫著「爸爸說，好的習慣就是財產」，我心想，這不就是培養好習慣的觀念嗎？

大女兒伊俐念北一女時參加樂隊，想當樂隊指揮，可是不曉得該怎麼辦。我鼓勵她：「妳就跟教官說出自己的意願啊！」女兒努力地表現，完成教官的要求和訓練，最後脫穎而出。

當上樂隊指揮後，女兒問：「同學不合作、不聽我的話，怎麼辦？」我建議：「她們為什麼要聽妳的話？一定要鼓勵、多謝謝她們的幫忙。」大女兒明白態度說法很重要，懂得溝通後，團隊配合順利也愉快。

家庭成員如果懂得溝通，很多衝突就可以避免，約定共同的時間大家把心裡的話說出來，讓全家人共同動動腦想辦法，問題已經解決一半。就算別人真的幫不上什麼忙，至少也能感受到一種支持的力量，知道有人可以依靠，會讓人在解決問題時更果決吧！現在的青少年問題之所以這麼嚴重，父母沒時間聽孩子說話，父母自己也要負大半責任吧！等到孩子都大了，雖然不再開家庭週會，但是直到現在，仍會盡量找時間全家人聚在一起聊聊。

家庭基本上是一個團隊，要航向幸福的彼岸，一定要全家人通力合作，任何人不可能只是坐享成果而完全沒有付出。同樣地，一個人的成功也不可能只靠自己獨自成就，除了家人功不可沒之外，整個大環境一定也給了很好的機會，像要不是內人犧牲個人的舞臺，選擇當全職主婦，我如何能心無旁騖的在事業上全力衝刺，孩子又如何能全心的去尋找自己的天空。

照顧長輩三不五時、關懷及時

回首創業四十年，逐漸將事業交棒，並強化公司治理，這一路上要感恩的人很多，當然包括我的母親。

父親在我初踏入職場時，因車禍突然辭世，母親頓失人生伴侶，嘗盡人情冷暖，當時激勵我更要認真打拚，希望母親以我為榮。會走上創業的道路，啟蒙於從小耳濡目染看父母開店做小生意的體驗。今天所有的一切，非常感謝父母教導。

母親已經九十歲了，之前住在東港老家，我和住在臺北的弟弟妹妹常回鄉探望她。前年她跌倒後腦部開刀，不能言語、行動不便，我們討論她的生活起居安排，搬到臺北方便就醫及照料。

我們把她居住的地方，改造成無障礙空間，在浴室加裝扶手，洗澡間改成可以坐著淋浴，避免再發生跌倒的意外，並且盡量安排她有固定的生活作息，希望她開心。剛開始她體力允許的時候，看護會推著輪椅帶她到公園走走。兒孫放假時會來看她，握著她的手，說幾句貼心的話。講到她熟悉的事，她會點點頭示意。我們還善用流行的三C產品，存入許多照片、影片，她看到曾孫在她生日的時候為她拉小提琴祝壽，以及新出生的曾孫可愛的臉龐，都會露出微笑。

照顧長輩的時候，除了考慮食衣住行，心理健康也是重要的一環。現在邁入高齡化社會，世界衛生組織提醒，老年人口罹患憂鬱症的比例約占百分之七。遇到身體機能退化、病痛的折磨，更可能讓心情低落。為了讓長輩盡量心情愉快，除了照顧生活所需之外，還要多跟他們互動，以免長輩憂鬱上身。

年紀大最怕寂寞，怕年輕人不關心他，因此三不五時，關心要及時，多問候長輩。長輩很容易健忘、或重覆提過去的事，晚輩要體諒，不要不耐煩，怪長輩老是說一樣的事。年輕人要建立一個觀念，「每個人都會變老，而每個老人都曾年輕過」，將心比心，相處更愉快。

舉一個例子，現在手機功能日新月異，年輕人教老人家使用時，要非常有耐心，老人家不會用，一開始可能會排斥，可以由淺入深，不要讓老人有壓力，讓他放輕鬆學習，要不斷的鼓勵，因為老人家比年輕人更需要尊嚴。

老人家都希望子女住在身邊，而子女往往希望獨立自主。像女兒住我家附近，但我不會隨便打擾她的生活。只讓她知道，家中大門隨時為她而開，有需要可以隨時來找我。老人要尊重年輕人有自己想法，有時父母認為是對的，不能強迫他們改變；而子女則要花時間體會，老人家的建議是智慧結晶，目的無非是讓年輕人少走一點冤枉路。

不要等、不要省、不要管；
活到老、學到老、做到老。

老年人應該正向看待老化的過程。我認為，人不要怕老，透過運動或注意飲食、作息等保養，可讓身體衰老的過程變慢。心態想法隨著年紀調整，其實老不是「黃昏期」，而是「黃金期」，因為比年輕時有錢有閒、有智慧和人脈。

老年生活應要「三不」，一是「不要等」，若有旅行、學習等想要做的事，就要及時去做。尤其是當發現健康有狀況，千萬不要等到天氣好、有空才去看病。二是「不要省」，人生要及時行樂，能花則花，否則一味省下來的財富，以後不一定有機會能花。第三則是「不要管」，子女長大了，要學著放手，少操心，讓子女有自主性、責任感。

有些人一退休之後，就像變了個人似的什麼都不做，其實太閒對身心不好。「活到老、學到老、做到老」，是維持心理健康很好的方法。儘管年紀漸長，但只要體力允許，還是可繼續發揮專長，挑比較沒壓力的、有興趣的工作，或是安排到醫院、博物館當志工，有成就感、有固定的人際互動，生活就會有動力。

貢獻專長和興趣，自然就有成就感，生活才有動力。

集團的總裁（最高顧問）陳寬墀先生，從美商必治妥施貴寶總經理退休，今年八十三歲，現在彈性到集團上班，貢獻他的經驗、智慧，指導提攜後進，同仁都很敬重、感謝他。

另外，老人一定要有伴，可安排一些活動，例如唱歌、爬山、聚餐、找球友打球，學太極拳、書法等，每週固定和不同組合的朋友聚會，日子更充實，不會感覺度日如年。建議可以找成員年紀比自己年輕一點的、跟個性較開朗樂觀的人在一起，這會讓自己心態更年輕、更充滿活力。我也喜歡寓工作於娛樂，跟一起吃飯、喝茶、唱歌的親友交流，不僅紓壓也增長見識，有時不是在談公事，受益卻比正式談公事的時候還大，有時候下班時間的收穫比上班時間還多，這些「無形勝有形、無聲勝有聲」的工夫，就要年輕朋友慢慢體會了。

編輯後記

快樂迎變

文／葉雅馨（大家健康雜誌總編輯）

《人生處處是機會》是一本單篇小品式的書，透過書初次認識李成家董事長，而讓我很好奇的是，一個來自屏東鄉下的年輕人，到底透過什麼機制這麼樂觀正向，看到處處是機會。多年後，又如何成就三個上市櫃公司？日後的幾次餐會上，無論是當主人或客人，他通常早到，除了感受到他親切周到的招呼，也從多聊幾句中，發現他的積極、務實與自許的社會責任。

真正近距離接觸則是邀請他參與董氏基金會的「動一動就有好心情」紓壓系列活動。在多位企業名人中，他尤其關注心理健康促進議題，很快認養了學校進行「樂動小將」活動，和我們一起推動兒童青少年養成運動紓壓的習慣。也才知四十多年前，心理衛生還未被社會重視時，李董事長已了解心理與情緒的重要。他念大學時，對心理學就有興趣，那時看過一本「心理防衛機轉」的書，內容談的是平衡身心的方法，得知出現負面情緒或抱怨時，運用正面的認知、態度處理，可扭轉結果。他說這些在日後企業經營的許多關鍵時刻上，均多所應用與驗證。

幾次互動才說服他出版此書，希望透過李董事長描述分享一路走來的態度、觀念及正向思考，激勵這個世代的年輕人。他說：「要常常看你有什麼，不是看你沒有什麼」、「比起過去，現在好太多了」、「觀念態度決定一切！」、「企業是做出來的，不是想出來的」……。面對企業經營環境的詭譎多變，他的策略思維是「以變迎變，穩健開創」，認為世間萬物本來就是「變」動的，「迎變」是一種對未來的預測及已準備好迎接各種變化。他說機會總是給準備好的人。所以，書名選訂為《迎變》，有面對、迎接的正向含意，迎變後，能適應才有後續發展。

李董事長常說的「八十分主義」，極有巧思。他正向的看待經營事業遇到的困難與挑戰，認為創業就是一連串的面對及解決。做事要先掌握關鍵性的八十分，行有餘力後，再一分、一分往上加，達到一百分。

從二〇一五年十一月起，李董事長連續每周會安排一個時段與編輯小組口述，採訪整理的過程中，發現他是相當細緻與高效率的企業領導人，出版本書，他幾乎親自參與每一個環節，一再檢視內容是否能讓更多人受益。他說，「既然要做，就要做好」。且在他眼裡「沒有困難，只有解決方案」，出版編輯他的書，讓我們也學習許多。

李董事長也不時和我討論相關的心理學問題，希望書中多些例子，結合理論與實務，從經營管理的獎賞分明、團隊合作與競爭、情緒管理與正向思考等，讀者可閱讀到更多層次的內容。

最後，要感謝李董事長工作團隊中的特助李育家、公關黃玉芳，全程參與討論，給予精闢的意見。更要非常感謝李董事長對心理健康議題的支持，把這本書的版稅捐贈給董氏基金會心理衛生中心執行更多預防宣導的工作。世界衛生組織已推估二〇三〇年，憂鬱症將超越心血管疾病，成為社會經濟疾病負擔的第一位，我想李董事長已預見這個人類未來的難題，先用這本書的出版鼓勵提醒現代人快樂迎變，及正式加入心理健康促進的行列。

李成家大事記

一九四八年三月十二日	・出生於屏東縣東港鎮。
一九六四年　16歲	・屏東縣桌球賽高中組個人單打冠軍。
一九六五年　17歲	・臺灣省（全國）中上桌球賽高中組個人單打季軍。
一九七一年　23歲	・高雄醫學院藥學系畢業。
一九七三年　25歲	・服畢預官役，考進美商臺灣必治妥公司擔任西藥部業務代表，一年三個月即晉升地區經理。
一九七五年　27歲	・與蔡玉雲女士結婚。 ・父親李景祥先生辭世。
一九七六年　28歲	・創立臺灣美吾髮（股）公司，不斷多角化經營，一九九八年更名為美吾華（股）公司。（「美吾髮」保留品牌名） ・長女李伊俐出生。
一九七八年　30歲	・臺北市國際青年商會才能發展委員會主任委員。 ・獲頒第一屆青年創業楷模。
一九七九年　31歲	・青年節前夕獲蔣經國總統接見嘉勉。

一九八〇年　32歲

- 臺灣大學商學研究所「高級經理班第一期」結業。
- 次女李伊伶出生。

一九八一年　33歲

- 榮獲「第一屆呂鳳章先生紀念獎章」（青年管理獎章）。
- 美國加州大學洛杉磯分校（UCLA）「高階管理班」結業。
- 中華民國桌球協會理事。
- 臺北北區扶輪社理事。

一九八二年　34歲

- 當選中華民國青年創業總會理事長。

一九八三年　35歲

- 獲頒教育部社會教育有功獎章。
- 發起光華管理策進基金會並擔任首屆董事迄今。

一九八四年　36歲

- 政治大學企業管理研究所「企業家班」第一屆結業。
- 獲頒第二十二屆全國十大傑出青年。
- 淡江大學企業管理系兼任講師（至1987年）。

一九八五年　37歲

- 當選臺北市百貨商業同業公會理事長（蟬聯二屆）。
- 榮聘經濟部產業發展諮詢委員會委員（至2011年）。
- 臺北市屏東縣同鄉會常務理事（至2015年轉任顧問）。
- 美國甘迺迪大學企管碩士。

一九八八年　40歲
・政治大學企業管理研究所校友會副會長。

一九九〇年　42歲
・行政院選聘擔任首屆海基會董事（時任董事長辜振甫先生）連續五屆董事，第六屆監事迄今。
・當選中華民國全國中小企業總會理事長（蟬聯二屆），創設並主辦「第一屆國家磐石獎」。
・當選中華民國工商協進會理事迄今（時任理事長辜振甫先生）。

一九九一年　43歲
・當選華信銀行（已併入永豐銀行）首屆常務董事。
・中國生產力中心董事。

一九九二年　44歲
・母親李周阿昭女士獲頒「臺灣省模範母親」。

一九九三年　45歲
・美吾華（股）公司通過股票上櫃掛牌（上櫃總家數僅十一家）。

一九九四年　46歲
・臺大商學研究所碩士論文考試審查委員。

一九九五年　47歲
・衛生署全民健康保險監理委員會首屆委員（至2012年一代健保結束），繼續擔任二代健保委員迄今。

一九九六年　48歲
・當選第三屆全國不分區國民大會代表（時任全國中小企業總會理事長）。

一九九七年 49歲

- 當選中華民國公益團體服務協會首任理事長，創設並主辦「第一屆國家公益獎」。

一九九八年 50歲

- 懷特生技新藥公司創立。
- 著作「人生處處是機會」一書出版。

一九九九年 51歲

- 行政院選聘擔任中央通訊社董事。
- 行政院國家策略研究班結業。
- 當選臺灣省工業會理事長（蟬聯二屆）。
- 中央銀行新臺幣發行準備監理委員會委員。
- 亞太金融研究發展基金會首屆董事迄今。

二〇〇〇年 52歲

- 獲聘總統府國策顧問（工商界代表）。

二〇〇一年 53歲

- 當選中華民國工業協進會首任理事長（蟬聯二屆）。
- 美吾華（股）公司通過股票上櫃轉上市。

二〇〇二年 54歲

- 長女李伊俐和臺大管理學院學長賴育儒結婚。
- 懷特新藥科技（股）公司上櫃掛牌，為我國第一家新藥研發型上櫃公司。
- 獲聘經濟部生物技術與醫藥工業發展推動小組委員（至2009年）。

- 十大傑出青年基金會董事、常務董事迄今。
- 中華民國對外貿易發展協會董事（至2010年）。
- 當選國立政治大學校友會理事（至2011年）。

二〇〇三年 55歲

- 長孫女恩平出生。
- 獲頒李國鼎管理獎章。
- 獲聘「總統文化獎」評審委員。

二〇〇四年 56歲

- 獲頒高雄醫學大學傑出校友。

二〇〇五年 57歲

- 次孫女愛平出生。
- 高等教育評鑑中心首屆董事（至2014年）。
- 經濟部生物技術開發中心董事（至2014年）。
- 中美經濟合作策進會理事。
- 海基會監事迄今。
- 國家生技醫療產業策進會理事迄今。

二〇〇六年 58歲

- 獲頒創業楷模卓越成就獎。
- 兆豐國際商業銀行董事（至2015年）。

二〇〇七年 59歲

- 獲聘行政院政務顧問（工商界代表）。
- 獲聘全國臺灣同胞投資企業聯誼會首屆顧問。
- 獲頒國立屏東高中傑出校友。

二〇〇八年 60歲

- 懷特生技新藥（股）公司股票上櫃轉上市，為第一家生技新藥上市公司，與美吾華（股）公司共有兩家公司上市（當時生技醫療類股總共僅十三家）。
- 關懷中小企業基金會創辦人暨首任董事長迄今。
- 總統選聘擔任國家文化總會執行委員（理事）。
- 陶聲洋防癌基金會董事迄今。

二〇〇九年 61歲

- 獲頒行政院經濟部最高榮譽「經濟專業獎章」。
- 國家生技醫療科技政策研究中心首屆常務董事迄今。

二〇一〇年 62歲

- 衛福部食品藥物管理署（TFDA）核准我國自行研發成功的第一個新藥「懷特血寶注射劑」。
- 海峽兩岸民意交流基金會董事迄今。

二〇一一年 63歲

- 亞洲大學校務顧問。
- 世界李氏宗親總會名譽理事長。

二〇一二年 64歲

- 臺灣陸資來臺投資採購服務協會首屆常務理事。
- 全民健康基金會董事迄今。

二〇一三年 65歲

- 安克生醫「甲狀腺超音波電腦輔助偵測軟體」獲美國FDA核准上市。
- 衛生福利部二代健保首屆全民健康保險會委員迄今。
- 兩岸企業家峰會首屆監事迄今。

二〇一四年 66歲

- 獲頒國立臺北科技大學名譽管理博士。

二〇一五年 67歲

- 總統特派為中央銀行理事。
- 高雄醫學大學校務發展委員會委員。
- 安克生醫（股）公司股票上櫃，為第一家「電腦輔助診斷系統」高階醫材研發公司，和美吾華（股）公司、懷特生技新藥（股）公司共三家生技股上市（櫃）。

二〇一六年 68歲

- 次女李伊伶與臺大學長黃博浩醫師結婚。
- 美吾華（股）公司創業四十年，年年都賺錢，穩健發展。並於一九九八年轉投資創立懷特生技新藥公司、二〇〇八年創立安克生醫公司及二〇〇九年創立美吾髮（上海）公司等。

迎變 李成家正向成功思維與創業智慧分享

口　　　　述／李成家

總　編　輯／葉雅馨
主　　　編／楊育浩
資 深 編 輯／蔡睿縈、林潔女
封 面 設 計／比比司設計工作室
內 頁 排 版／陳品方

出 版 發 行／財團法人董氏基金會《大家健康》雜誌
發行人暨董事長／謝孟雄
執　行　長／姚思遠

地　　　址／臺北市復興北路57號12樓之3
服 務 電 話／02-27766133#252
傳 真 電 話／02-27522455、02-27513606

大家健康雜誌網址／www.jtf.org.tw/health
大家健康雜誌粉絲團／www.facebook.com/happyhealth

郵 政 劃 撥／07777755
戶　　　名／財團法人董氏基金會

總　經　銷／聯合發行股份有限公司
電　　　話／02-29178022#122
傳　　　真／02-29157212

法律顧問／眾勤國際法律事務所
印刷製版／恆新彩藝有限公司

出版日期／2016年6月初版
定價／新臺幣380元
本書如有缺頁、裝訂錯誤、破損請寄回更換
歡迎團體訂購，另有專案優惠，請洽02-27766133#252

國家圖書館出版品預行編目(CIP)資料

迎變：李成家正向成功思維與創業智慧分享 /
李成家口述. -- 初版. -- 臺北市：董氏基金會
<<大家健康>>雜誌, 2016.05
　面；　公分
ISBN 978-986-92954-0-6(平裝)
1.李成家 2.學術思想 3.企業管理 4.職場成功法

494　　　　105006652

※本書版稅捐贈「董氏基金會心理衛生中心」